AEG
デキ3
CD

除雪列車の帰路、平賀で旅客列車を退避し、弘南鉄道弘南線のED333がキ104を牽いて黒石に向けて走る。
2019.1.25　津軽尾上－尾上高校前　P：寺田裕一

巻頭カラーグラフ

私鉄の電気機関車

2012（平成24）年に廃止された十和田観光電鉄のED402。
2011.11.27　七百　P：寺田裕一

栗原電鉄（後に非電化となり、くりはら田園鉄道に改称後2007年廃線）のED201。
2017.6.24　チャチャワールドいしこし　P：寺田裕一

1999（平成11）年に廃線となった蒲原鉄道のED1。現在は冬鳥越スキーガーデンで保存されている。
1989.9.15　村松車庫　P：佐藤利生

凸型機から箱形車体に改造された上信電鉄ED316。現在は茶色塗装だが、コーラルレッドに塗られたこともあった。
1981.11.15　高崎　P：寺田裕一

私鉄最大級のF級電気機関車、西武鉄道E851形(E853)がセメント列車を牽引する。　1995.8.2　所沢－新秋津　P：佐藤利生

電車部品を活用し製造された西武鉄道E31形。廃バラスト輸送用トムの工事臨時列車回送をプッシュプル運転で牽引。
2005.11.12　航空公園－所沢　P：佐藤利生

入換用などで使用された凸型機、小田急デキ1050形(EB1051)。
2002.2　相模大野　P：広瀬晴一

「パレオエクスプレス」の12系客車と塗色を合わせた秩父鉄道デキ200形(201)。撮影名所の荒川橋梁を渡る。
2008.12.8　上長瀞－親鼻　P：寺田裕一

秩父鉄道の電気機関車の標準色は青地に白帯。松尾鉱業鉄道からの譲渡車がその端緒といわれる。写真はデキ500形(504)。
2013.11.2　広瀬川原　P：寺田裕一

秩父デキ500形のうち504号機は、2018年より3年間ほどピンク色に塗られていたことがあった。
2020.8.8　和銅黒谷　P：寺田裕一

秩父デキ500形のうち502号機は、2016年より３年間ほど、かつての電車と同様の黄色地に茶色帯に塗られていたことがあった。
2018.6.9　武川　P：寺田裕一

茶色塗装とされた秩父デキ500形505号機。
2013.11.2　広瀬川原　P：寺田裕一

さまざまな塗装の機関車(前よりデキ505、デキ302、デキ506)の三重連で運転された秩父鉄道「ELパレオエクスプレス」。
2020.8.8　浦山口－影森　P：寺田裕一

富士山の麓を走る岳南電車。ED501は名鉄から譲渡された凸型機。
2013.3.16　岳南富士岡
P：寺田裕一

岳南電車に２両存在するED40形のうちED403は、最晩年は赤色塗装であった。　2007.9.29　比奈　P：寺田裕一

典型的な東芝戦時標準型スタイルの伊豆箱根鉄道ED31形(33)。
2006.3.4　大場車庫　P：佐藤利生

西武鉄道のE31形４両のうち３両は大井川鐵道に譲渡され、SL列車の補機やEL客車列車用として使用されている。
2019.3.24　大和田－福用　P：寺田裕一

遠州鉄道ED282はJR飯田線南部の前身である豊川鉄道が発注したデキ51→国鉄ED282がルーツ。
2011.10.10　遠州西ヶ崎　P：寺田裕一

東芝戦時標準型スタイルの名鉄デキ600形604号機。警戒色がよいアクセントとなっていた。　2013.11.1　大江　P：寺田裕一

黒部峡谷鉄道で最新の機関車であるEDV形はオレンジ色の車体に白帯が映える。　2014.5.25　宇奈月－柳橋　P：寺田裕一

1958（昭和33）年８月製の富山地方鉄道デキ12021はピンク主体のカラフルな塗色をまとう。　2020.10.5　稲荷町　P：寺田裕一

北陸鉄道ED201は1938（昭和13）年4月木南車輌製の凸型機。スノープラウを装着し除雪用として使われる。
2010.9.20　鶴来　P：寺田裕一

えちぜん鉄道テキ521＋522は1949（昭和24）年日立製の凸型機。２両が永久連結とされ除雪用に用いられる。写真はイベント時のもの。
2019.4.13　志比堺－永平寺口　P：寺田裕一

福井鉄道デキ３は1951（昭和26）年東洋電機製の凸型機で、遠州鉄道から譲渡されたもの。　2009.4.12　西武生　P：寺田裕一

福井鉄道デキ11は1923（大正12）年梅鉢鐵工所製の貨物電車を、主に軌道線の除雪用機関車として改造したもの。
2018.2.24　赤十字前　P：寺田裕一

1949（昭和24）年三菱重工製の神戸電鉄701。惜しくも2011（平成23）年に廃車された。
2010.7.23　箕谷－谷上
P：吉里浩一

三岐鉄道ED5080形は、1970(昭和45)年東芝製の東武鉄道ED5080形を同鉄道の貨物廃止に伴い譲り受けたもの。従前の本線貨物牽引機は右運転台であったが、この形式からは左運転台のまま使用されている。 2020.4.5　東藤原　P：寺田裕一

三岐鉄道ED301は、南海ED5202として使用されていた1963(昭和38)年東芝製の凸型機を1984(昭和59)年に譲り受けたもの。 2017.5.20　保々　P：寺田裕一

1926(大正15)年に米国から輸入された国鉄ED14形を譲り受けた近江鉄道ED14形。 2000.11.18　彦根車庫　P：佐藤利生

彦根車庫に集結した近江鉄道の古典電機群。その後「近江鉄道ミュージアム」として保存展示が図られたが、惜しくも閉館により大半の機関車は解体された。
2013.8.17　彦根
P：寺田裕一

大鰐線で除雪列車に使用
される弘南鉄道ED221。
2019.1.25　大鰐
P：寺田裕一

はじめに

鉄道が陸上交通の王者であった1960年代までは、大手・中小を問わず、全国各地の私鉄で貨物営業が行われていた。炭坑や鉱山で産する石炭、石灰石、鉱石、それに米や肥料、工業製品、木材など、あらゆる物資が鉄道で運ばれた。主要駅は旅客列車の発着線のほかに貨物用の側線を持ち、貨物列車牽引用に電気機関車やディーゼル機関車を所持していた。

しかし、道路が整備されて車社会が到来すると、貨物輸送の主役は鉄道からトラックに代わっていった。因みに、日本初の高速道路の開通は1963（昭和38）年７月16日の名神高速栗東IS～尼崎IC間で、１回目の東京オリンピックは1964（昭和39）年10月10日が開会式であった。

国鉄再建の絡みもあって国鉄の赤字が社会問題となると、貨物輸送の合理化が急速に進んだ。まず、高速輸送が要求される鮮魚や青果輸送が姿を消し、次に産地と到着駅の双方で積み替えを必要とする物資の輸送が消えていった。最後に残ったのは重量物である鉱石やセメント、比較的納期に余裕のある米や肥料、産業用の工業製品、それにコンテナなどの輸送であった。

利用客の減少に歯止めがかからず、毎年多額の赤字を出していたローカル私鉄にとっては、例え一日に数両程度の貨車輸送であっても、貨物輸送は貴重な収入源であった。国鉄の貨物営業線区が

次々に縮小された後でも、貨物輸送を細々と継続していたローカル私鉄は少なくなかった。

しかし国鉄の貨物縮小がさらに進み、1984（昭和59）年２月１日改正で一般車扱貨物列車が一日約2,500本から800本に削減されると、貨物取り扱い駅は大幅に減少した。国鉄接続駅の貨物取り扱いが廃止となった私鉄は、自らの貨物輸送を廃止せざるを得なくなった。国鉄貨物駅の減少はその後も続き、1993（平成５）年４月１日で貨物営業を行っていた電化私鉄は、上信電鉄、秩父鉄道、東武鉄道、西武鉄道、相模鉄道、岳南鉄道、越後交通、黒部峡谷鉄道、三岐鉄道の僅か８社だけであった。

一方、電気機関車を所有している私鉄は30社に上る。貨物輸送がなくなった後も、本来の目的ではないものの、保線用、入換用、除雪車両牽引として電気機関車を保有している会社は少なくなかった。

本誌では今から30年前、1993（平成５）年４月１日在籍とそれ以降に入線した電気機関車の生い立ちと、その後を紹介する。私鉄の定義は鉄道事業法に基づくものとし、専用線は除外した。また、車体は目にすることができるものの廃車となっていたもの、あるいは機械扱いなど車籍がないものについても割愛した。

2023年秋　寺田　裕一

秩父鉄道デキ500形（505）が牽引する石灰石輸送列車。私鉄の貨物輸送は縮小される一方で、その私鉄オリジナルの貨車を牽引する姿は他ではほとんど見られなくなった。
2003.12.23　永田－小前田　P：寺田裕一

弘南鉄道弘南線所属のED333。西武鉄道から譲渡された武蔵野鉄道時代の機関車で、米国ウェスチングハウス製。
1980.8.27　弘南弘前　P：寺田裕一

1. 弘南鉄道

1.1　弘南線

1927(昭和２)年９月７日に弘南弘前(現在の弘前)～津軽尾上間が軌間1,067mmの蒸気鉄道として開業。1932(昭和７)年４月７日にガソリン動力併用認可、1948(昭和23)年７月１日に青森県内では初の600V電化。1950(昭和25)年７月１日に津軽尾上～弘南黒石(現在の黒石)間が開業して全通。1954(昭和29)年４月１日に架線電圧の750V昇圧を実施し、1961(昭和36)年９月１日に架線電圧を1,500Vに昇圧して現在の姿となった。

電化当初は駿豆鉄道(現在の伊豆箱根鉄道)から譲り受けたED１・２が客車や貨車の牽引を行っていたが、旅客列車は電車化され、貨物牽引機は1993(平成５)年当時在籍していたED301・333にバトンタッチされた。

貨物輸送はリンゴや米、肥料などの一般貨物が中心で、ピーク時は年間18万t、1981(昭和56)年までは５万t以上を輸送していたが、国鉄貨物縮小のあおりを受け、1984年７月１日に廃止された。２両の電気機関車は除雪用となり、うち１両は2004(平成16)年に廃車となり、ED333のみ現役機として車籍が残る。

○ED301

1949(昭和24)年11月、日本鉄道自動車(現在の東洋工機)製の30t凸型機。元空気溜が機器室前に飛び出しているのが珍しい。書類上は1950(昭和25)年８月15日三井鉱山(三池)より譲受となっているが、資材不足で車両新製が規制されていた当時、三井鉱山の注文枠を弘南が譲り受け、メーカーより直接入線した。

ED333入線後は、予備機に回ることが多かった。貨物廃止後は出動の機会がほとんどなく、平賀車両管理所で留置されていた。2004(平成16)年３月８日に廃車となった。

●ED333

武蔵野鉄道(現在の西武池袋線)が池袋～所沢間を電化するに際してウェスチングハウス(米国)からデキカ10形３両を購入した。西武鉄道ではE11形となり、そ

上写真のおよそ30年後のED333。古典機ながら雪国青森とあって今なお除雪列車には欠かせない存在。1923(大正12)年製であることから100年の長寿を誇る。
2009.9.23　平賀　P：寺田裕一

同じく弘南線に所属していたED301は、戦後の1950(昭和25) 年に製造された凸型電機ながら、大正製のED333より先の2004(平成16)年に廃車された。
1987.4.20　平賀　P：寺田裕一

のE13が1961(昭和36) 年10月13日に弘南線に入線してED333となった。

1923(大正12) 年製で、車齢はED301よりはるかに古いが、出力・引張力で勝り、主力機として貨物輸送に活躍した。貨物廃止後は除雪車キ104とのコンビで冬季の除雪に活躍する。右側運転台で、出入口が正面向かって右側であるのが珍しい。本年(2023年) で車齢100年を迎えた。

1.2 大鰐線

JR奥羽本線大鰐温泉から分岐して石川・津軽大沢を経て弘前市内中心部近くの中央弘前に至る。開業は戦後の1952(昭和27) 年１月26日で、弘前電気鉄道として全線が開業した。当初から貨物営業は行っていたが、輸送量は少なく、電車が貨車を牽引していた。

1970(昭和45) 年10月１日に弘南鉄道に合併された時点で貨物営業は廃止となり、その後除雪用にED221が入線し、冬季に使用される。冬季は大鰐で待機することが多く、その他の季節は津軽大沢で留置されていることが多い。

●ED221

蒸気鉄道として開業していた信濃鉄道(現在の大糸線の南部)が1925(大正14)年12月に電化した後の1926～1927年に３両の電気機関車を輸入して１～３とした。ボールドウイン・ウェスチングハウス社製の凸型機。信濃鉄道は1937(昭和12) 年６月１日に国有化され、１～３号機はED221～ED223となった。1943(昭和18) 年に豊橋機関区に転属して飯田線で使用されたのち1947(昭和22) 年にED221が廃車となり、西武鉄道１形１(初代)となった。

西武での使用期間は非常に短く、1948(昭和23) 年10月に近江鉄道に貸与された後、1950(昭和25) 年に譲渡されてED１となった。近江時代の1955(昭和30) 年にED221に戻ったが、1960(昭和35) 年８月にED31形が５両揃った時点で休車状態になり、1960年９月16日に一畑電気鉄道に移った。

一畑では貨物輸送に従事したが、1973(昭和48) 年に貨物営業が廃止されると余剰車になった。弘南鉄道大鰐線入線は1974年11月26日で、冬季の除雪でキ105を牽引する。車体側面中間の２つの小さな窓は、登場当初はなく、近江鉄道時代に取り付けられた。

大鰐線所属のED221は、大糸線の前身である信濃鉄道に導入された米国ウェスチングハウス製機関車。
2012.8.4　津軽大沢　P：寺田裕一

十和田観光電鉄ED300形(301)。
1951(昭和26)年日立製の凸型機で
晩年は予備的な存在であった。
1980.9.4　十和田市　P：寺田裕一

2. 十和田観光電鉄

三本木(後の十和田市)は陸羽街道(現在の国道4号)の要所として栄えたが、東北本線が街から離れたところに開通すると、次第に往時の繁栄を失っていった。その三本木と、東北本線の最寄り駅である古間木(現在の三沢)を結ぶ十和田鉄道は、1922(大正11)年9月5日に軌間762mmの蒸気鉄道として開業した。

青森県は戦時中の陸運事業者の統合がほとんど進まず、十和田鉄道は戦中から戦後にかけて燃料事情が悪化すると、1951(昭和26)年6月20日に1,067mm改軌と1,500V電気運転を実施した。この時に登場したのが日立製作所製のモハ2400形2両とクハ2400形2両、ED301であった。その年の12月30日に十和田観光電鉄に社名を変更し、以降は車両を置き換えながら東日本大震災後まで営業を続けた。貨物営業は、米やビール、肥料などの一般貨物が中心で、最盛期でも年間10万t程度の輸送量であった。

多くの地方私鉄が貨物廃止に追いやられた1984(昭和59)年2月1日以降も貨物輸送は続いたが、1986(昭和61)年11月1日に貨物廃止に至った。工業地帯を走る私鉄や鉱石を運ぶ私鉄以外では最も遅くまで貨物営業を行っていた。三沢の社線駅は国鉄東北本線(現在の青い森鉄道)より少し高い位置にあり、十和田市からの貨物列車は三沢の500mほど手前で専用の線路に

■車両竣功図表　十和田観光電鉄ED300形301号　　所蔵：寺田裕一

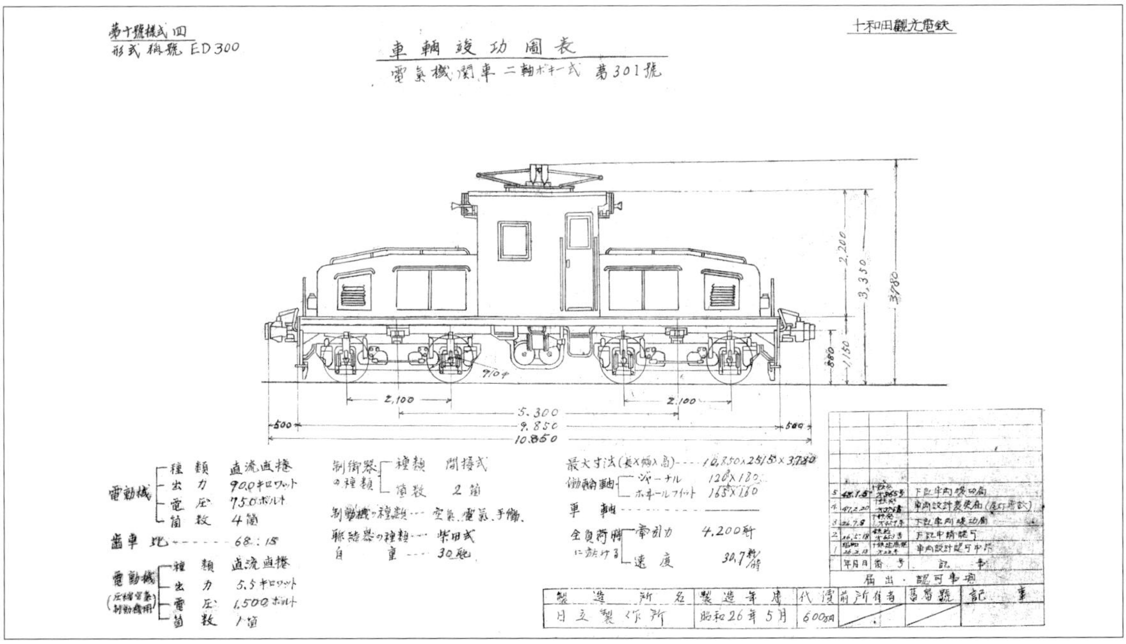

十和田観光電鉄ED400形(402)。1962(昭和37)年川車製の凸型機で、両凸型機は廃線後も姿を留める。
1986.2.2　三沢　P：寺田裕一

入り、国鉄駅に乗り入れていた。

貨物廃止後も、鉄道営業は25年以上続いた。十和田市の駅舎が使用不能になることもあって2012(平成24)年3月末限りで鉄道の運行を停止することを表明し、以降は休止する届け出を行ったが、関係機関の調整もあって2012年4月1日に廃止となった。廃止から10年以上が経過するが、七百の駅・車庫跡は今も姿を留める。

○ED301

1951(昭和26)年5月に日立製作所笠戸工場で新造された30t凸型機。電化と同時に使用を開始し、当初は貨物列車だけではなく、モハ2400形の検査時にクハ2400形を牽引して混合列車の牽引にも使用された。モーターや空気ブレーキ関係部品の多くを2400形と共通化し、メンテナンスの軽減を図った。

1955(昭和30)年にモハ3401が登場すると貨物牽引専用となり、ED402登場後は予備的存在となった。サイドデビューは京福(現在のえちぜん鉄道)テキ521とほぼ同形であるが、このスタイルでの正面3枚窓は珍しい。廃線後の現在も七百で姿を留めている。

○ED402

1962(昭和37)年5月に川崎車輛で新造された35t凸型機。自重35tながら400形を名乗るのは、40tクラスに匹敵することをアピールしている。三沢貨物線の急勾配を想定してギア比を大きく取り、タイフォンを耐雪カバーで覆うなど、工夫の跡が見られる。台車は同時期に入線したクハ4406のものと類似していて、揺れが少ない。

竣工と同時に主力機として貨物牽引に当たった。廃線後の現在も七百で姿を留めている。

■車両竣功図表　十和田観光電鉄ED400形402号　所蔵：寺田裕一

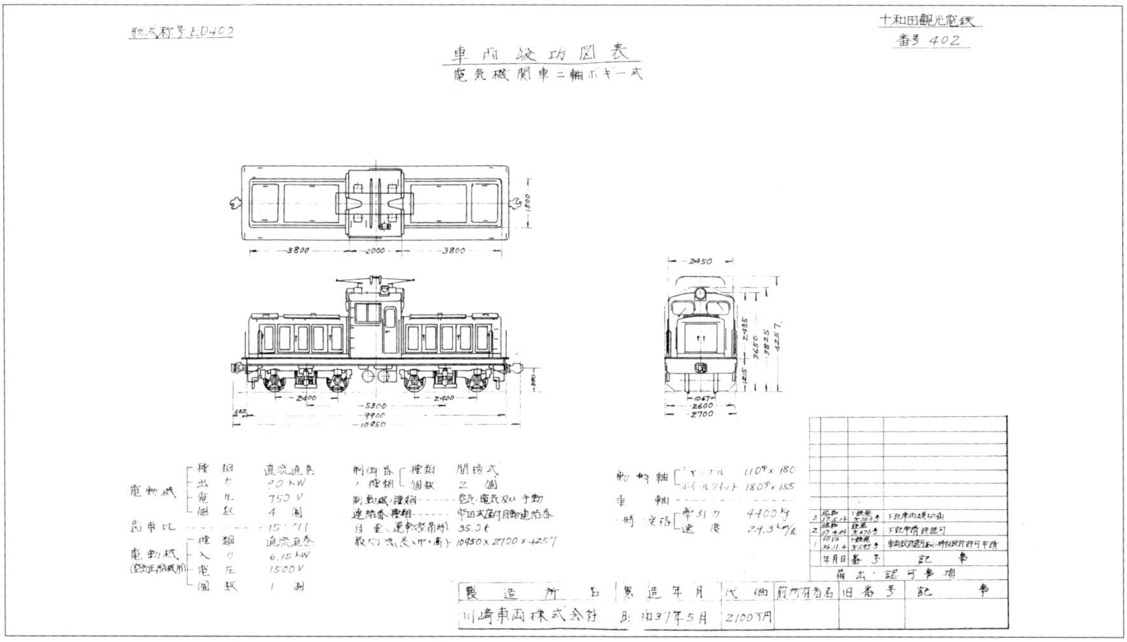

くりはら田園鉄道の前身、電化時の栗原電鉄で使用されていたED20形(201)。762mm軌間の際に新製されたため、改軌後は車体に対し台車幅が広く感じされる。
1980.9.7　若柳　P：寺田裕一

3．くりはら田園鉄道(←栗原電鉄)

軌間762mmの蒸気軌道として1921(大正10)年に開業し、戦時中に地方鉄道改組、戦後1950(昭和25)年に軌間762mmのまま750V電気運転を開始するにあたってED18形3両が新造された。1955(昭和30)年の1,067mmへの改軌に際し、ED18形は改軌を行ってED20形に、また西武鉄道から1(二代)を譲り受けED351(初代)とした。

開業時は栗原軌道で、栗原鉄道、栗原電鉄を経て、1964(昭和39)年5月1日に陸前乗合自動車と合併して宮城中央交通、1968(昭和43)年8月31日にバス部門を宮城中央バスとして分離、1969年2月25日に再度、栗原電鉄となる。この頃が旅客と貨物が最も多い時代で、1967(昭和42)年度の貨物輸送量は27.5万tを記録した。

ED351(二代)は1955年4月、東洋電機・東洋工機製の35t箱型機で、東武鉄道ED611として誕生した。東武日光軌道線で鉱石輸送などに携わっていたが、1968(昭和43)年2月24日に廃止となり、1969年2月に西武所沢工場で750V化されて入線した。ED351としては旧西武鉄道1(二代)に続いて二代目で、この時に初代のED351は廃車となった。

ED20形に比べて5割増しのパワーを持ち、主力機として連日貨車を牽引した。車体は東洋製の特徴で、裾に強いRを持ち、カラフルな塗色も相まって目立った。ED203とともに廃車となり、長らく石越で留置された後に、栃木県の鉄道愛好家に引き取られた。

栗原電鉄の貨物輸送は1984(昭和59)年2月1日の国鉄貨物縮小後も残り、1986年11月1日に石越駅の貨物扱いが廃止されても社線中継だけは残った。年間5万t程度の鉱山関連貨物は運輸収入の4割以上を占め、命の綱的存在であった。

しかし同年に勃発した急激な円高は、ドル建ての国際価格にスライドする国内の非鉄価格体制を直撃し、各鉱山を赤字操業に追いやった。1987(昭和62)年3月に細倉鉱山が閉山されたことで貨物輸送は3月29日に終止符が打たれ、この時点ですべての機関車は失業した。そして、貨物専業であった細倉～細倉鉱山間0.7kmは1988年10月27日に廃止された。

この後、栗原電鉄の親会社で、細倉鉱山を経営した三菱マテリアルは鉄道廃止を志向するものの、沿線自治体は鉄道存続にこだわり、三菱マテリアルは累積赤字を負担して株式を沿線5町に無償譲渡して、1993(平成5)年12月15日に第三セクター経営に移行、1995(平成7)年4月1日に電気運転を廃止して、くりはら田園鉄道に社名を変更した。

非電化の第三セクター鉄道とされたくりはら田園鉄道では電機の出番はなかったが、3両が現地で保存され、現在はED203のみ若柳駅跡で状態よく保存されている。
2016.4.24　若柳　P：寺田裕一

その形態で鉄道営業が続けられたのは10年余りで、最後は宮城県が補助金交付から撤退する方針を示し、2007(平成19)年4月1日に廃止に至った。

○ED201 ～ 203

1950(昭和25)年の電化に際し、中日本重工業(現在の三菱重工業)三原製作所で新造された。18t凸型のED181 ～ 183として誕生し、1955(昭和30)年の改軌時に台車枠を拡げただけで20t機となり、ED181と182がED201と202に改番、ED183のED203への改造は1957(昭和32)年3月であった。

車体はスリムで小さく、台車が非常に幅広に見える。事実、車体幅より台車幅の方が25mm広い。また、軽便時代より架線までの距離が広がったため、走行時にはパンタグラフを精一杯上げた。車体同様、主電動機も40kw×4と小さく、直接制御で重連総括も不能なため、貨物1往復となって以降は、本線牽引機はED351に譲りがちであった。

貨物廃止に伴いED202が1983(昭和58)年に廃車、貨物廃止後の1987(昭和62)年4月1日にED203が廃車となり、ED201のみ電化時代の最後まで車籍があった。

廃車後、ED202は細倉マインパーク前でワフ71とともに保存され、ED201と203は他の電化時代の車両とともに若柳駅構内で留置された。廃止後ED201は登米市内の「チャチャワールドいしこし」で保存されたが、2017(平成29)年12月に解体、ED203は今も若柳駅跡で姿を留めている。

■車両竣功図表　栗原電鉄ED20形　　所蔵：寺田裕一

形式稱号　ED20

車両竣功図表
電気機関車
番号ED

栗原電鉄

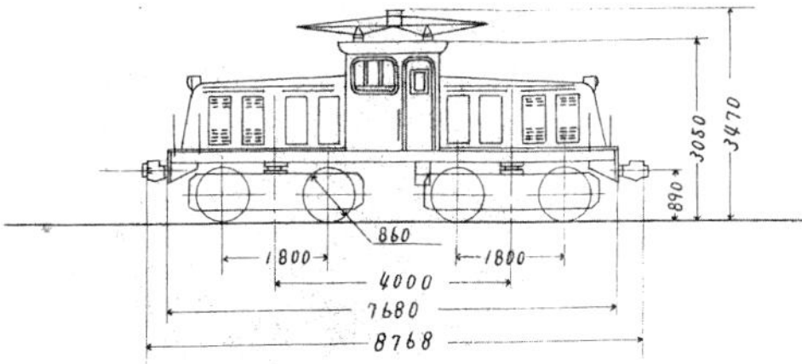

電動機 種類 ―――― 直流直捲電動機
電動機 出力 ―――― 40キロワット
電動機 電圧 ―――― 750ボルト
電動機 箇数 ―――― 4個
歯車ノ比 ―――― 79：14=5.64：1
電動機(圧搾空気制動機用) 種類 ―――― 「DH25」型電動空気圧縮機
電動機(圧搾空気制動機用) 出力 ―――― 4.16キロワット
電動機(圧搾空気制動機用) 電圧 ―――― 750ボルト
電動機(圧搾空気制動機用) 箇数 ―――― 1個
制御器ノ種類 種類 ―――― 三菱電機製「KR54A型」
制御器ノ種類 箇数 ―――― 1個
制動機ノ種類 ―――― 直通及自動空気制動機 手用制動機

連結器ノ種類 ―――― 自動連結器
自重 ―――― 20瓲
最大寸法(長×巾×高) ―――― 8,768×2,070×3,470
車軸(径×長) ジャーナル96×178 ホイールフイット140×155
全負荷ノトキニ於ケル 牽引力 ―――― 2,400瓩
全負荷ノトキニ於ケル 速度 ―――― 23粁/時

製造所名	製造年月	代價	前所有名	旧番号	記事
中日本重工業株式会社三原製作所	昭和25年8月	[redacted]		ED	
三菱電機株式会社伊丹製作所	月				制動装置、車輪車軸、連結器、パンタ構板改造

除雪列車として使用される蒲原鉄道ED1(左)。加茂～村松間が健在であった時代は除雪も大仕事であった。 1985.1.14 七谷 P：寺田裕一

4. 蒲原鉄道

1923(大正12)年10月20日に新潟県下初の電気鉄道として五泉～村松間4.2kmが開業。当初は電車が貨車を牽引していた。1930(昭和５)年７月22日に村松～東加茂間、その年の10月20日に東加茂～加茂間が開業して全線が通じた。この東加茂延伸時にED1が誕生した。

貨物輸送量は最盛期でも年間10万t程度で、1957(昭和32)年以降は貨物列車のスジが消え、電車が貨車を牽引する混合列車に変わっていた。ED1は村松駅の入換、冬季の除雪が主な任務に変わったが、まとまった貨物があるときには出動してED1＋電車＋貨車といった編成も走った。貨物輸送の廃止は1984(昭和59)年２月１日であったが、晩年は貨車の搬入はほとんどなかった。

1985年４月１日には全線の80％を占める村松～加茂間17.7kmが廃止され、残るは五泉～村松間のみとなった。１個列車が行ったり来たりの線形となったが、1999(平成11)年10月４日に廃止となった。同じ新潟県の新潟交通が同じ年の４月５日に廃止になっていて、因縁を感じた。廃線跡は村松の前後で様相が異なるが、加茂方は原形を留めている箇所が多い。

現在も２両の電車とともに冬鳥越駅跡付近で保存される蒲原鉄道ED1。
2016.9.6 冬鳥越スキーガーデン
P：寺田裕一

蒲原鉄道ED1。弘南ED333などの米国ウェスチングハウス製機とよく似ているが、1930(昭和5)年に日本車輛で製造された国産機である。
1997.4.17　村松　P：寺田裕一

○ED1

デッキが片側に寄り、一見ボールドウイン・ウェスチングハウス社製に見えるが、1930(昭和5)年日本車輛製。電気機器は東洋電機製で、純国産機である。正面に社紋を付けているのが珍しい。

営業区間が五泉～加茂間であった頃は、まとまった量の貨物があると電車と貨車を牽引したり、事業用貨車の牽引にもあたった。加茂～村松間の営業最終日に加茂発村松行き最終列車の先頭に立った。五泉～村松間の営業最終日にも電車3両を牽引した。

全廃後は村松駅構内で保管された後、2009(平成21)年6月からは冬鳥越スキーガーデンに移設されて保存されている。保存場所は当然のことながら非電化で、電気運転時代を思い起こすのは難しい。

■車両竣功図表　蒲原鉄道ED1形　　所蔵：寺田裕一

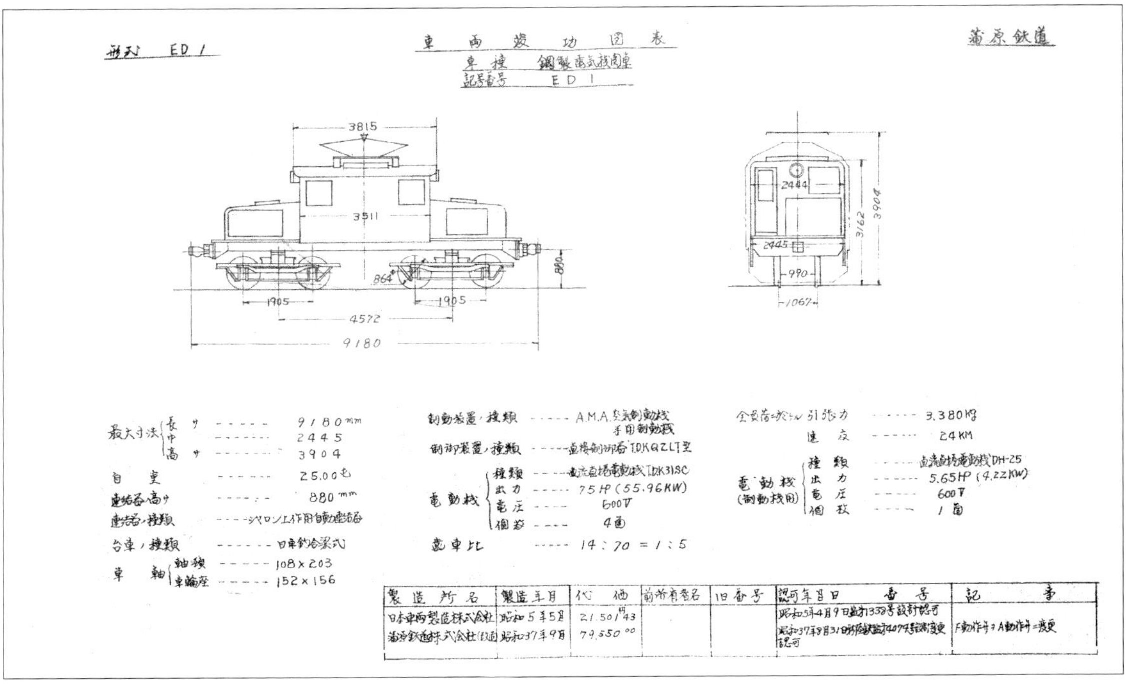
形式　ED1

車両竣功図表
車種　鋼製電気機関車
記号番号　ED1

蒲原鉄道

最大寸法 長サ ------ 9180mm
巾 ------ 2445
高サ ------ 3904
自重 ------ 25.00屯
連結器ノ高サ ------ 880mm
連結器ノ種類 ----シャロン上作用自動連結器
台車ノ種類 ------日車釣合梁式
車軸 軸頸 ------ 108×203
車輪座 ------ 152×156

制動装置ノ種類 ----- A.M.A.空気制動機
手用制動機
制御装置ノ種類 -----直接制御器T.D.K.Q.Z.L.T型
電動機 種類 -----直流直捲電動機T.D.K.31SC
出力 ----- 75HP(55.96KW)
電圧 ---- 600V
個数 ---- 4個
歯車比 ----- 14:70=1:5

全負荷ニ於ケル引張力 ----- 3,380kg
速度 ------ 24KM
電動機(制動機用) 種類 -----直流直捲電動機DH-25
出力 ------ 5.65HP(4.22KW)
電圧 ------ 600V
個数 ----- 1個

製造所名	製造年月	代価	前所有者名	旧番号	認可年月日　番号	記事
日本車両製造株式会社	昭和5年5月	21,501円43			昭和5年4月9日監第1338号設計認可	
蒲原鉄道株式会社(改造)	昭和37年9月	79,550.00			昭和37年8月31日新陸鉄監第4074号設計変更認可	F動作弁ヲA動作弁ニ変更

スタイリッシュなボディが注目の的であった越後交通ED5100形(5101)。1957(昭和32)年に定山渓鉄道でデビュー、長野電鉄を経て越後入りした。
1986.11.2　西長岡　P：寺田裕一

5．越後交通

新潟県は戦時中の陸運事業の統合がほとんど進まず、1960(昭和35)年10月1日に、長岡鉄道が中越自動車、栃尾電鉄の2社を合併して越後交通が誕生した。

長岡鉄道は1915(大正4)年10月7日に与板～大河津(現在の寺泊)～寺泊間が軌間1,067mmの蒸気鉄道で開業、1916年1月5日に西長岡～与板間、1921年11月18日に来迎寺～西長岡間が開業して全通した。長岡鉄道社長に田中角栄が就任したのは1950年で、1951(昭和26)年12月1日に西長岡～寺泊間が750V電化、1952年11月21日に残る来迎寺～西長岡間も電化されて、全線が電気動力となった。

西長岡は信濃川左岸で、長岡の市街地から離れていたことから、モータリゼーションが起こると、旅客輸送はバスに奪われてしまった。1961(昭和36)年10月3日に寺泊新道～寺泊間が休止、1966(昭和41)年5月31日に寺泊新道～寺泊間が廃止となり、寺泊新道が二代目の寺泊に改称された。

1969(昭和44)年9月に架線電圧を1,500Vに昇圧。貨物営業が主力であった来迎寺～西長岡間の旅客営業が廃止されたのは1972(昭和47)年4月16日、その1年後の1973年4月16日には大河津～寺泊間が廃止されて、営業区間は来迎寺～西長岡～大河津(来迎寺～西長岡間は貨物専業)となった。この状態は約2年続き、1975(昭和50)年4月1日に旅客営業は全廃、越後関原以遠も廃止となった。

貨物専業となってからは約20年間営業が続いた。西長岡～越後関原間は1992(平成4)年4月1日に休止となり、1993年3月31日に廃止となった。従って、1993年4月1日当時は来迎寺～西長岡間7.6km、貨物専業であった。

貨物の主力は、才津にある青海電気化学へのセメントで、到着数量は年間約7万t、深沢にも肥料や飼料の到着があり、年間約200t、西長岡には化学薬品が約8千t到着した。発送は、到着貨物の空車のみであった。運転本数は単機回送が1往復、実車が1往復で、来迎寺に到着した貨車を、来迎寺9時10分発の161列車で各駅に輸送し、西長岡15時発の164列車で空車を集めて来迎寺からJRに引き継いでいた。

機関車は4両が在籍し、ED5101と5102は4月から10月まで1ヶ月交互に使用(貨車が多い場合は重連)し、ED311と401は冬期の11～12月まで重連での使用を原則とした。

結局、1993(平成5)年4月1日から約2年後の1995年3月23日が貨物列車の営業最終日で、3月27日の貨車返却回送終了をもって貨車輸送は終了。1995年4月1日に廃止となった。なお、これにて越後交通の鉄道営業は終了した。

越後交通ED310形(311)。典型的な東芝戦時型スタイルの凸型機で、西武鉄道からの譲渡車。
1986.11.2　西長岡　P：寺田裕一

◯ED311

1955(昭和30)年西武所沢工場製の凸型機。東芝戦時型の流れをくむ私鉄向け40t標準機を模して新造され、西武鉄道32(二代)として登場した。当時の西武鉄道には東芝製の同形機があり、1956年に31と相互改番を行い、1961(昭和36)年にE31となった。

越後交通入りは1964(昭和39)年２月で、750V降圧を行い、最強力機として貨物を牽引した。当初は貨物列車以外に来迎寺～西長岡間で混合列車の牽引にも活躍した。1969(昭和44)年９月の架線電圧1,500V昇圧を経験していて、以降は主力機の一端として、営業最終日まで活躍した。総括制御可能で、冬期はED401と重連となって活躍した。

◯ED401

1967(昭和42)年東洋工機・東洋電機製の40t箱型機。相模鉄道ED10形・三岐鉄道ED45形と同系機で、東洋製の特徴である丸味の強い車体であるが、後期製のためか裾の丸味はない。台車はDT12で、堂々とした車体の割にアンバランスな感じを受けた。

この時代に他社からの譲受でなく新造車を購入したのは驚きで、結果的に最後の自社発注新造車となった。1969(昭和44)年９月に架線電圧1,500Vへの昇圧を経験し、営業最終日まで在籍した。性能的にはED311と同一で、総括制御重連での使用も可能であった。

◯ED5101・5102

定山渓鉄道初の電気機関車として1957(昭和32)年に新三菱重工業三原製作所で新造した50t箱型機。200kw×４の強力機で、凸型やデッキ付き箱型が多い私鉄電機の中で、正面２枚窓、国鉄EF58形を思わせる半流線形車体は珍しい。

定山渓鉄道が1969(昭和44)年10月31日限りで廃止になると、長野電鉄に移り、1979(昭和54)年に越後交通長岡鉄道入りした。定山渓の車両で他社に転じたのは、この機関車２両のほかは、モハ1201＋クハ1211が十和田観光電鉄に転じてモハ1207＋クハ1208となっただけで、その２両が1990(平成２)年３月に廃車になって以来は、唯一の存在であった。

外観、性能とも定山渓鉄道時代とほとんど変わらず、寒冷地仕様で撒砂管には保温装置が取り付けられ、運転台も右側のまま。外部塗装はブルーに黄色の帯入りで、廃止時まで主力機として活躍した。

越後交通ED400形(401)。こちらも類似車の多い東洋製スタイル。
1994.8.22　西長岡　P：佐藤利生

1927(昭和２)年日立製の長野電鉄ED5000形(5001)。国鉄ED15形に似ているが自社発注車である。ED5001は廃車後も保存されていたが現在は解体された。
1980.8.20　須坂　P：寺田裕一

6．長野電鉄

長野電鉄の前身である河東鉄道は、屋代から松代を経て須坂に至る区間を1922(大正11)年６月10日に軌間1,067mmの蒸気鉄道で開業させた。1925(大正14)年７月12日に信州中野～木島間を延伸し、河東線は全通した。1926(大正15)年６月28日に権堂～須坂間が長野電気鉄道として電気動力で開業し、河東鉄道も1926年１月29日に電化した。河東鉄道が長野電気鉄道を合併して長野電鉄が誕生したのは1926年９月30日であった。

貨物列車は電化後もしばらくは蒸気機関車が牽引していたが、1927(昭和２)年５月、10月、翌1928年８月に日立製のED500形(後のED5000形)が登場して、完全無煙化が成った。

貨物輸送の最盛は1963(昭和38)年度で、小布施のリンゴ、信濃竹原の材木などの発送と、石炭・肥料などの到着を合わせて39万tを輸送。一般貨物の取扱量としてはかなりの水準であった。以降は輸送量が減少し、最後まで残った須坂、信州中野、信濃竹原の貨物扱いも1979(昭和54)年３月31日限りで廃止された。

1970(昭和45)年に定山渓鉄道よりED5101・5102が入線すると、ED5002・5003は越後交通長岡線に売却(越後交通ではED511と512に改番)、当線の貨物営業が廃止されるとED5101とED5102も越後交通長岡線に売却され、それにより越後交通長岡線では1980(昭和55)年１月24日にED511・512が廃車された。

ED512は現地で解体されたが、ED511は1980年10月に長野に戻って番号をED502に戻し、1990(平成２)年以降は小布施の「ながでん電車の広場」で静態保存がなされた。唯一長野を離れることがなかったED5001は2002(平成14)年３月31日に除籍された。

○ED5001

河東鉄道の電化直後の1927(昭和２)年５月に日立製作所でED501が新造された。続く同年10月と1928年８月にED502・503が新造されて３両が揃った。

自重36.3t、機関EFC-M60(150kw)×４基搭載の箱型機で、国鉄ED15形を短くしたスタイルは、凸型機中心の私鉄機関車の中で威容を誇っていた。1953(昭和28)年７月１日の改番でED5001～5003となり、ED5002と5003は1970(昭和45)年に越後交通長岡線に売却されてED511・512となった。

ED5001は貨物廃止後も工事用や譲渡車両の牽引、救援用として車籍が残ったが、2002(平成14)年３月31日に除籍。約15年間須坂構内で姿を留めていたが、2017年に解体された。

1926(大正15)年米国ウェスチングハウス製の松本電気鉄道(現・アルピコ交通) ED301。廃車後も新村駅でその姿を留める。
2000.1.19　新村　P：寺田裕一

7. アルピコ交通(←松本電気鉄道)

松本～新村間の開業は1921(大正10)年10月2日、新村～波多(現在の波田)間の開業は1922年5月10日、波田～島々間が開業して松本～島々間が全通したのは1922年9月26日であった。当初の社名は筑摩鉄道であったが、1922年10月31日に筑摩電気鉄道、1932(昭和7)年12月27日に松本電気鉄道に変更された。

開業当初から貨物の営業を行っていたが、輸送量は年間約2万tで、電車が貨車を牽引する程度で事足りていた。架線電圧を600Vから750Vに昇圧したのは1958(昭和33)年11月で、1960(昭和35)年に初めての電気機関車ED301を西武鉄道から譲り受け、以降貨車の牽引に当たった。

1965～1969年に東京電力梓川水系電源開発の資材輸送を行い、渚付近と赤松(現在の新島々)に側線を設け、国鉄のD51が渚付近の側線に乗り入れ、渚からはED402やED403(後に岳南鉄道に売却)が牽引して赤松まで4往復した。しかし工事が終わると再び貨物輸送量は年間2万t程度に戻った。

貨物輸送は1973(昭和48)年11月30日限りで廃止となり、ED301は除雪・救援用となった。1986(昭和61)年12月24日の1,500V昇圧後も車籍は残ったが、2005(平成17)年9月に除籍となった。

○ED301

蒸気鉄道として開業していた信濃鉄道(現在の大糸線の南部)が1925(大正14)年12月に電化した後の1926～1927年に3両の電気機関車を輸入して1～3とした。ボールドウイン・ウェスチングハウス社製の凸型機である。

信濃鉄道は1937(昭和12)年6月1日に国有化され、1～3号機はED221～223となった。国有化後も引き続き大糸南線で使用された後、1943(昭和18)年に豊橋機関区に転属して飯田線で使用された。

ED223は1956(昭和31)年に廃車となり、1956年2月に600Vに降圧して岳南鉄道ED223、同年9月に再び1,500Vに昇圧して西武鉄道A1となり、西武新宿線・多摩川線で使われた。そして1960(昭和35)年9月、西武所沢工場で降圧工事を受けて故郷の松本に戻った。

松本電気鉄道の貨物廃止後は新村常駐で、ほとんど活躍の機会はなくなっていた。1,500V昇圧に伴って4度目の電圧変更工事を受けたが、2005(平成17)年9月に除籍された。除籍後も新村駅で姿を留めていて、姿を見ることができる。

上信電鉄デキ３とデキ１が重連で牽引する、高崎の12系お座敷客車「くつろぎ」×４両。貨物廃止後は電車や客車を牽いたイベント列車としての使用が目立った。
上州富岡　P：佐藤利生

8．上信電鉄

1895（明治28）年12月27日に上野（こうずけ）鉄道として設立し、1897（明治30）年５月10日に高崎から福島（現在の上州福島）、同年７月７日に南蛇井、同年９月10日に下仁田までが全通した。開業から全通まで４ヶ月で、一気に開業したといっても過言ではない。

開業時は軌間762mmの蒸気軌道であった。1921（大正10）年に上信電気鉄道に社名を変更し、下仁田から余地峠を越えて佐久鉄道（現在のJR小海線）羽黒下に至ることを志向した。1924（大正13）年10月３日に高崎～上州富岡間、同年12月25日に上州富岡～下仁田間を軌間1,067mmに改軌し、電気運転を開始した。この時にドイツ・シーメンス製のED1～3を新造し、1957（昭和32）年にED316を増備した。上信電鉄への社名変更は1964（昭和39）年５月11日であった。

1993（平成５）年４月１日当時は、２種類の貨物輸送があった。一つは下仁田産の中和石灰輸送で、原則と

上信デキ１形（１）。改軌電化時に３両が導入された1924（大正13）年ドイツ製の凸型機。
1981.11.15　上州富岡
P：寺田裕一

上信デキ１形（３）。１号機と連結されると、機関点検扉が両車で逆向きとなっているのがわかる。
1999.5.16　高崎　P：寺田裕一

して月・水・金曜の運転で、デキが無蓋車を牽引した。高崎～下仁田間の貨物列車は、上下列車共に吉井で後続の電車に抜かれた。下仁田発の輸送量は年間8400tであった。もう一つは南高崎にある秩父セメントへの専用列車で、日祝日と第２・４土曜日以外は高崎～南高崎間に運転された。デキの重連またはデキとEDがサンドイッチの形で使用された。南高崎の貨物取扱高は年間11万tであった。これら貨物輸送は1994（平成６）年９月30日をもって廃止に至り、以降は電気機関車の定期運用はない。

●デキ1～3

改軌電化時にドイツから輸入した凸型電機。車体はマン、機器類はシーメンス製。車体に目を向けると、側面は機関点検扉が片側にだけ６枚あり、反対側はフラット。また、ボンネットとキャブの幅が同じで、ボンネット部が狭いことが多い凸型機では珍しい。外観は昭和30年代にパンタグラフが国産のものに変えられた以外はほとんど原型を保っている。

デキ2は1995（平成７）年３月16日に廃車となり、富岡市もみじ平総合公園に保存展示されている。デキ１とデキ３は今も車籍があり、高崎で留置されている。

■車両竣功図表　上信電鉄デキ１形デキ１・２・３　　所蔵：寺田裕一

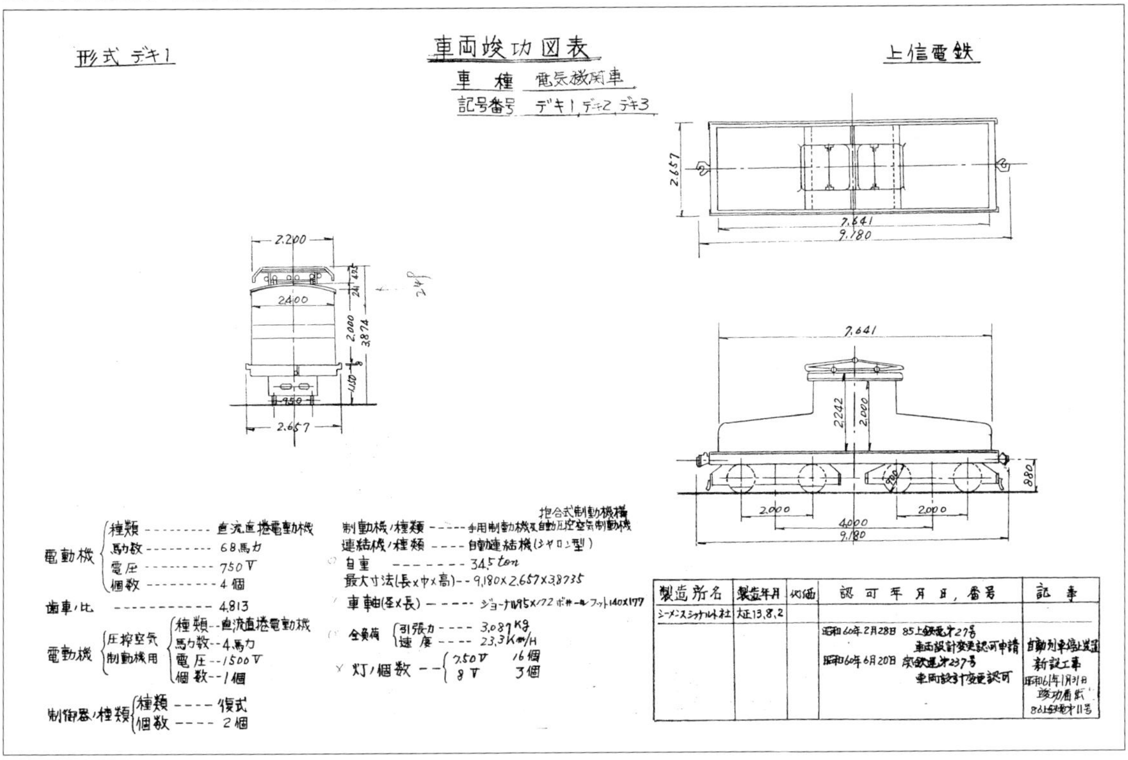

富岡製糸場を
世界遺産に
めざせ世界遺産！
6
5

重連で客車代用の電車２両を牽くデキ３（右）＋デキ１。
2013.11.2　吉井－馬庭　P：寺田裕一

近江ED31形と同様、伊那電気鉄道デキ１形をルーツとする上信ED316。本来凸型であったボディは箱型に改造され、大きく姿を変えた。旅客車同様のピンク塗装であった頃の姿。
1981.11.15　高崎　P：寺田裕一

●ED316

1923(大正12)年芝浦製作所(電気機器)・石川島造船所(車体)製。伊那電気鉄道(現在のJR飯田線)デキ１形６をルーツとする。国有化後、1953(昭和28)年の改番でED316となり、1955年９月26日付けで国鉄廃車、1957(昭和32)年５月18日に譲り受けた。

近江鉄道ED311～315と同形機であったが、自社工場で大改造を行い、箱型のスタイルとなった。その際、主電動機と制御器、台車はデハ１形のものに交換され、後に台車はTR14に再度交換されている。貨物廃止後は稼働の機会がなく、高崎で姿を留めている。

茶色塗装に改められたED316。現在も高崎駅構内で姿を留める。
2014.8.31　高崎　P：寺田裕一

■車両竣功図表　上信電鉄ED31形ED316　　所蔵：寺田裕一

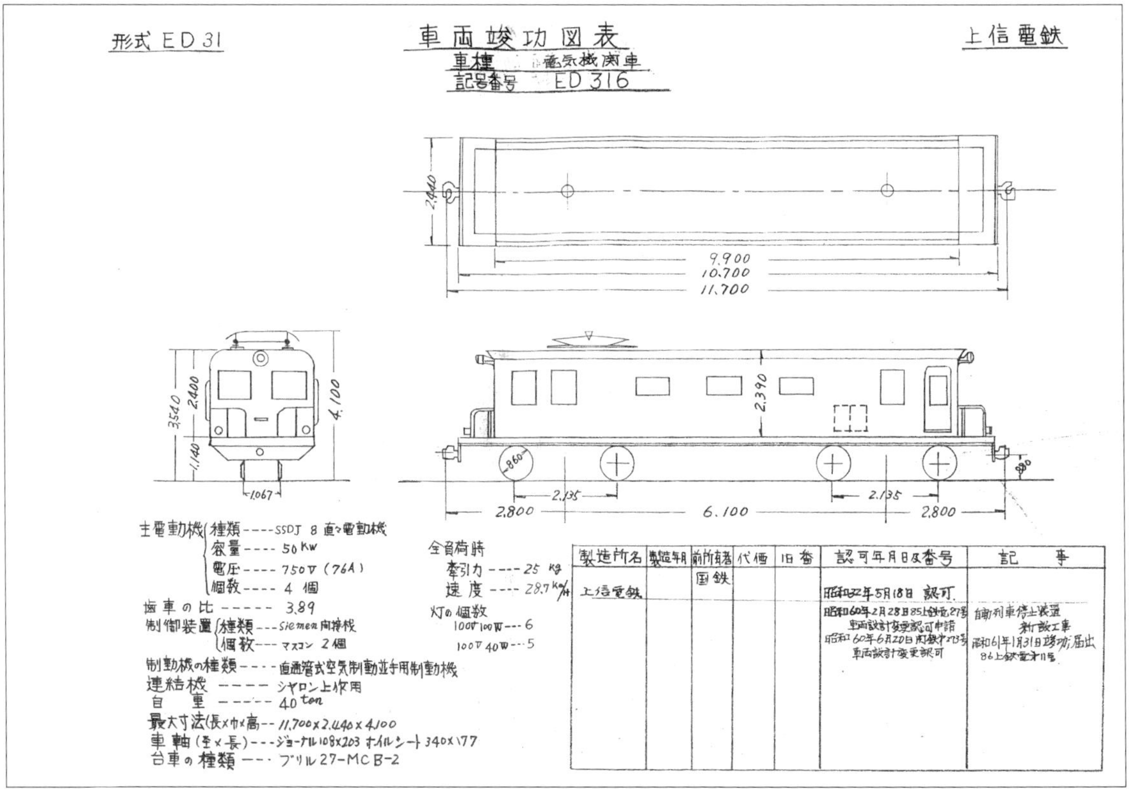

製造所名	製造年月	前所轄	代価	旧番	認可年月日及番号	記事
上信電鉄		国鉄			昭和32年5月18日 認可	
					昭和60年2月28日85上鉄電27号 車両設計変更認可申請 昭和60年6月20日関鉄ｵ273号 車両設計変更認可	自動列車停止装置 新設工事 昭和61年1月31日竣功届出 86上鉄電ｵ11号

当時の電車と同様のツートンカラーに塗られた銚子デキ３。貨車の入換で活躍中の姿。
1979.4.29　仲ノ町
P：寺田裕一

９．銚子電気鉄道

総武本線の終点・銚子から東進したのちに南下して外川に至る。仲ノ町、笠上黒生を境とする３閉塞で、車庫は仲ノ町構内にあり、外川は機回し側線を有する。銚子電気鉄道の前身、銚子鉄道の開業は1923(大正12)年７月５日であった。

しかし、その前史があり、1913(大正２)年12月18日に銚子遊覧鉄道銚子～犬吠間5.9kmが開業し、1917(大正６)年11月20日限りで廃止された。銚子遊覧鉄道と銚子鉄道の開業時は非電化であったが、1925(大正14)年７月１日に直流600V電化。戦後の1948(昭和23)年８月20日に企業再建整備法によって銚子電気鉄道を設立して資産を譲渡し、銚子鉄道は解散した。

電化後しばらくは、電車が貨車を牽引していたが、1941(昭和16)年にデキ３が入線し、1975(昭和50)年ころまでは、平日朝のラッシュ時に客車を牽引していた。また、1984(昭和59)年２月に貨物営業が廃止されるまでは、仲ノ町駅構内でヤマサ醤油の食塩輸送の入換を行っていた。

○デキ3

1923(大正12)年、ドイツ・アルゲマイネ製の２軸凸型の10t機。宇部・沖之山炭坑から1941(昭和16)年に入線した。陸運事業の統制が始まった頃の異動には理解し難い点が残る。

全長わずか4.47m、ビューゲルを上げると、連結器を除いた長さより高さの方が大きいという超ミニ機関車。元はポール集電であったが、私が出会ったときにはビューゲルを付けていた。空の無蓋車を３両引くだけで、貨車の重みで後ろのめりになって走る姿はユニークであったが、貨物廃止後は出番がなく、仲ノ町で昼寝をしていた。2018(平成30)年度末は機関車在籍１両、2019(令和元)年度末は０で、この間に廃車になった。

現在でも銚子電鉄のマスコット的存在であるデキ３。
長さより高さ方向の方が大きい珍しい機関車である。
1992.9.2　仲ノ町　P：寺田裕一

関東大手私鉄の雄である東武鉄道では、2000年代になるまで貨物列車の活躍が見られた。デッキ付のED5080形が重連で貨物列車を牽引するシーン。

2002.4.1　南羽生—羽生　P：寺田裕一

10. 東武鉄道

東武鉄道は、1899(明治32)年８月27日、蒸気機関車12両、客車36両、貨車48両および緩急車２両で、北千住～久喜間の営業を開始した。昭和初期には貨物収入は全運輸収入の４割以上を占め、旅客収入とほぼ同率にまでなったこともあった。

戦後も復興資材の輸送、駐留軍物資輸送、あるいは道路関係資材輸送等によって貨物輸送量は増加し、1961(昭和36)年度には742万tにも達した。しかし、その後は沿線道路の整備によってトラック輸送が進むにつれ、漸減輸送を辿った。1985(昭和60)年12月１日に貨物専業の会沢線第一会沢～第三会沢間0.4kmを廃止。1986年10月21日、大叫線1.6kmと会沢線上白石～第三会沢間3.3kmを廃止(同時に葛生駅の貨物扱廃止)、東上線の貨物営業廃止、1987年５月１日に千住貨物線0.6kmを廃止し、1991(平成３)年度の貨物輸送量は91万tと、最盛期の12%、運輸収入に占めるシエアは0.7%にまで落ち込んでいる。

そして、1993(平成５)年４月１日に業平橋の貨物扱いが廃止された。貨物取扱駅は、1947(昭和22)年当時は154駅であったが、1993年４月１日時点で久喜、川俣、館林、北館林荷扱所、上白石、赤城の６駅に集約、中・長距離大量輸送への転換などにより、拠点間輸送によるスピードアップ、効率化が行われている。走行距離は月～金曜が882.4km、土曜が828.6km、日曜が589.4kmであった。

各駅の取扱品目と取扱量(1993年５月の一日平均)は次の通りであった。

久喜はJRとの中継のみを扱い、東武からJR、JRから東武ともに78車であった。

川俣は橋本産業への到着がLPガス４車120t(発駅・川崎)、石油類３車105t(発駅・川崎)で、発送は空車７車であった。

館林は日清製粉への到着が小麦粉５車150t(発駅・大川)で、発送は空車５車。当駅では機関車の交換、緩急車の仕立、検査車差替等があり、貨物列車の組成を行った。

北館林荷扱所は両毛丸善への到着が石油類30車1050t(発駅・浜五井)で、発送は空車30車であった。

上白石は，住友セメントからの発送がセメント18車720t(着駅・板橋８車及び隅田川10車)で、到着は石油類２車70t(発駅・川崎地区)と空車18両であった。

赤城は星友事業協同組合への到着が飼料16車480t（発駅・浜川崎）で、空車16両であった。

東武鉄道の貨物輸送は長らく蒸気機関車に頼っていたが、1930（昭和５）年にED101（後の近江鉄道ED401）が入線した。しかし、この機関車は電圧降下を起こしたことから日光夜行列車の牽引等に使用され、本線貨物牽引機には使われなかった。1944（昭和19）年に総武鉄道（現在の東武アーバンパークライン）との合併によりED3000形（1929年E.E製36t箱型機）が仲間入りをした。1948（昭和23）年に東芝戦時型標準機45t凸型のED4011・4022、1948～1949年には東芝45.5t箱型のED5001～5003が登場した。

1955（昭和30）年に貨物列車の完全無煙化の目標が立てられ、1957～1962年に日立製のED5010形が24両、新機軸を取り入れたED5050形が２両登場。1960年以降は東芝製のED5060形が13両、さらに1970（昭和45）年にはED5080形３両が新造された。この間、1966（昭和41）年６月30日に貨物線全線の電化が完了し、７月１日には蒸気機関車が全廃された。

その後、貨物輸送量が減少すると、ED3000形、ED4000形、ED5050形、ED4010形、ED4020形、ED5000形が廃車、ED5010形も1987（昭和62）年４月30日に形式消滅した。ED5060形からも廃車が出始めていて、1993（平成５）年４月１日時点での在籍車は、5060形が７両、ED5080形が３両の計10両で、全機が館林機関区所属であった。

東武鉄道の貨物衰退はその後も続き、赤城の飼料到着は1996（平成８）年９月25日に廃止、館林の日清製粉輸送は1996年９月廃止、上白石のセメント輸送は1997年３月20日に廃止、川俣のLPガス輸送も1997年９月末で廃止となった。

1997年10月以降は、北館林荷扱所の石油輸送だけが１日３往復のみとなり、この日から車掌車は廃止され、列車の最後尾に赤色反射板が２枚付けられるようになった。そして、2003（平成15）年９月23日の運転を最後に東武鉄道は貨物列車の運転を終了した。貨物廃止は2003年９月30日であった。

○ED5060形

1960～1966年東芝製で、日立製ED5010形と比べると、屋根が平たく、全体がやや角張り、前面窓が高くなった。製造年月は5061～5066が1960（昭和35）年７月、5067～5070が1963（昭和38）年10月、5071・5072が1966（昭和41）年５月、5073が1966年９月であった。この増備の過程で蒸気機関車は全廃となった。5061～5065は1971（昭和46）年にED5080形と重連総括が可能なように改造が行われ、ブレーキはEL14ASとなった。

廃車は1984（昭和59）年３月30日の5066からで、5067が1987（昭和62）年４月、5068が1989（平成元）年

1960年代に東芝で製造された東武鉄道ED5060形。写真の5067号機は1963（昭和38）年製ではあるが1987（昭和62）年には廃車となり、比較的短命であった。
1986.10.29　羽生　P：寺田裕一

11月、5069・5070が1991(平成３)年11月、5071が1993(平成５)年３月、5072・5073・5065が1996(平成８)年10月、5601・5662・5664が1997(平成９)年10月で、最後まで残った5063も貨物全廃とともに2003(平成15)年10月１日に廃車となった。

廃車後、1992(平成４)年にED5069と5070が三岐鉄道に売却された。両機とも整備改造工事に着手されたもののED5069は入籍されることなく解体され、ED5070は2000(平成12)年になって右運転台のED459として竣工した。

1970年代にやはり東芝で製造されたED5080形。写真手前の5082号機は車号はそのまま三岐鉄道に移り、左側運転台のまま使用されている。
2002.4.1　久喜　P：寺田裕一

○ED5080形

1970(昭和45)年１月、新東京国際空港公団が葛生～佐野間で成田空港建設用の砕石を輸送するため、東芝で新造した。当初から車籍は東武にあったが、空港建設が一段落した1978(昭和53)年に所有者も東武鉄道に移った。

ED5060形に重連装置を付加した機関車で、電気連結器、空気ホースが増備され、ATSの切換え、撒砂、パンタグラフ等操作に対する電気指令回路が設けられた。重連改造されたED5061～5065とは同一の性能・形態。重連でセメントや砕石など1000t級の貨物列車を牽引した。貨物最末期まで主力機として活躍し、貨物全廃とともに2003(平成15)年10月１日に廃車となった。

ED5081と5082は三岐鉄道に転じ、2014(平成26)年と2011(平成23)年に竣工した。ED5083と5063は北館林荷扱所で留置されていたが、2009(平成21)年３月に解体された。

ED5080形のうち5083号機は三岐鉄道へ譲渡されることなく、2009(平成21)年に解体された。
2002.4.1　久喜　P：寺田裕一

西武鉄道E851形（854＋852）による重連回送列車。　1994.4　所沢－東村山　P：佐藤利生

11. 西武鉄道

池袋線の前身である武蔵野鉄道は、1915（大正４）年４月15日に池袋～飯能間を蒸気動力で開業した。池袋～所沢間の電化が成ったのは1922（大正11）年11月で、貨物列車は翌年からデキカ10形（後のE11形）に置き換わった。国産電機デキカ20形（後のE21形）の登場は1927（昭和２）年であった。

一方、新宿線の前身である旧西武鉄道東村山～高田馬場間開業は1927年４月17日で、電車運行で貨物営業はなかった。川越鉄道が開業した国分寺～東村山間は非電化のままで、蒸機が客貨車を牽引した。

武蔵野鉄道が旧西武鉄道を合併して西武農業鉄道となったのは終戦直後の1945（昭和20）年９月22日で、翌年に西武鉄道に改称された。戦後の復興は貨物輸送を増加させ、東芝機を導入し、国鉄から払い下げを受けた。

1947（昭和22）年に東芝戦時型の40t機の31～33を、翌年には東芝製の35t機の１形（二代目）を購入した。これらは西武での使用期間は短く、駿豆鉄道、遠州鉄道、栗原電鉄へ譲渡された。戦後は新宿線東村山～下落合間で貨物輸送が行われ、1948（昭和23）年電化の国分寺線国分寺～本川越間でも電機牽引が始まった。

国鉄払い下げ機では1948年に信濃鉄道買収機のED221を１形（すぐに近江鉄道に譲渡）に、1949～1950年に青梅電気鉄道買収機の1010形２両をE41形に、1950年にED12形をE51形とした。1952（昭和27）年にED36形２両を譲り受けて１形（三代目）とし、借用のED36形２両は1960（昭和35）年に譲り受けてE41形に加わった。

その間、1956（昭和31）年にED223を譲り受けてA1形としたが、１形（三代目）は近江鉄道へ、A1形は松本電気鉄道へと転じた。その後も払い下げは続き、1962（昭和37）年にED11・ED10形をE61・E71形とし、これによって大正末期に鉄道省が東海道本線電化のために欧米メーカーからサンプルとして購入した電機３形式が集結した。

西武鉄道秩父線は1969（昭和44）年10月14日に開業した。これにより武甲山から採取される石灰石輸送が始まり、1000t牽引可能のE851形４両が新造された。貨物列車は東横瀬～池袋・国分寺間で、武蔵野線が開通すると1976（昭和51）年３月に所沢～秋津間貨物連絡線が竣工し、貨物中継が新秋津となった。

国鉄貨物縮小に伴い一般貨物は1984（昭和59）年までに廃止となり、1996（平成８）年３月７日に石灰石輸送も終結し、貨物全廃に至った。事業用のE31形のみが残ったが、2010（平成22）年３月31日に廃車とな

国内最大級の私鉄電機、西武鉄道E851形(851)。　検査出場直後で単機回送中の姿。　1990.3　航空公園－所沢　P：佐藤利生

り、西武から在籍電気機関車が姿を消した。

○E851形(E851 ～ 854)

秩父線開通に伴うセメント輸送用に、1969(昭和44)年に三菱重工業で4両が新造された。東横瀬～芦ヶ久保間の連続25‰勾配を重連で1,000t級の貨物を牽引するため、私鉄初のEF級となった。

寸法的には国鉄EF65形が基本で、前面もほぼ同一であるが、尾灯の横に標識灯が付いている。側面は窓のない乗務員扉、細長い通風口に加え中央に丸窓が2

貨物列車牽引中の西武E851形(852)。　1990.3　高麗　P：佐藤利生

三菱鉱業セメントのセメント貨車を連ねて西武秩父線を行く西武E851形。　1985.6.13　東横瀬－芦ヶ久保　P：佐藤利生

つあり、赤と白の塗分けとともに斬新なデザインで、登場時は周りを驚かせた。

電気機器は国鉄のEF65形とEF81形のものを組み合わせ、台車はEF81形と同一であるが、貨物牽引用のため性能的にはEF60形とほぼ同じで、社内では「ジャンボ」と呼ばれた。

石灰石輸送が終了すると廃車が近付き、1996(平成8）年5月にさようなら運転が行われる。JRから5月22日に12系客車6両を借り入れ、23・24日が試運転、25・26日がさよなら運転当日で、所沢～横瀬間でE853と854が任に当たり、単機牽引・重連・プッシュプルの3形態で運転がなされた。

その年の5月31日にE851・852、同年8月31日にE853・854が廃車となり、E854のみが横瀬車両基地

西武E851形(853)牽引の1602列車。　1995.8.2　所沢－新秋津　P：佐藤利生

西武E31形(31)による三岐鉄道譲渡車(西武新101系→三岐751系)の甲種輸送試運転。この31号機は大井川へ譲渡されることなく横瀬車両基地で保存されている。
2008.9.19　小手指　P：佐藤利生

で静態保存されている。

○E31形(E31 〜 34)

部品調達が困難で修理に手間のかかる旧型電機の置き換え用として、1986 〜 1987(昭和61 〜 62)年に4両が所沢工場で新造された。

前面はE851形と似たスタイルであるが、助手席窓下に車番を付けている。側窓は、窓のない乗務員扉はE851形と同様だが、側面にHゴム支持の窓が4つ、下部に通風口が2つある。

西武鉄道E31形(32)に牽引された総武流山電鉄(現・流鉄)向けの甲種輸送。
1999.3.21　所沢－新秋津　P：佐藤利生

大井川鐵道へ譲渡のため陸送される西武E31形32～34のうち32号機。19時頃に西武横瀬車両基地を出発するところ。
2010.9.10　P：佐藤利生

台車は1983(昭和58)年まで飯田線で運用されていた80系電車の廃車発生品であるDT20Aを履き、主電動機も351系で使用していたものを転用した130kW×4。電車用台車を使用したことで短足に見えることを嫌って、車体下部を黒く塗りつぶしている。塗装はクリーム色に窓周り等が朱色とE851形を反転させたようなデザインで、もともと小貨物の運転と保線用であった。

2009(平成21)年1月31日にE33が廃車、翌2010年3月31日にはE31・32・34が廃車になり、西武鉄道から在籍機関車が消えた。E31は横瀬車両基地で保存され、他の3両は大井川鐵道に転じた。

大井川鐵道に搬入された西武E31形3両は、しばらくの間使用されることなく留置されていた。　2011.10.9　千頭　P：寺田裕一

1930(昭和５)年日車製の小田急デキ1030形(ED1031)。長野電鉄ED5001をやや近代化した感じの箱型電機である。
1969.2.2　相武台前　P：荻原俊夫

12. 小田急電鉄

小田急電鉄の前身である小田原急行鉄道は、1927(昭和２)年４月１日に新宿～小田原間を一気に開業。開業に際し、川崎車輛でED１・２を新造し、多摩川の砂利輸送等の貨物輸送を行った。東急合併(大東急)によりデキ1011・1012となったのち、1968(昭和43)年にデキ1011が廃車となり向ヶ丘遊園に展示。1012も1984(昭和59)年７月15日に廃車となり、海老名検車区の片隅に留置された後、両機とも解体された。

1930(昭和５)年、川崎造船製のデキ1021(岳南ED281となったのちに廃車)・デキ1031が登場、1954(昭和29)年にはデキ1041を増備、1962(昭和37)年にはデキ1051も仲間入りした。こうして、最盛期には６両の電気機関車を保有した。

とはいっても小田急の貨物輸送は大手私鉄の中では小規模で、東京都内まで乗り入れていたのはずっと以前のこと、晩年は小田原～伊勢原間でしかも輸送量は年間10万t以下であった。これも1984(昭和59)年２月１日に廃止され、晩線は砂利輸送や車両投入時の牽引に使われる程度で、通常は海老名検車区に押し込まれていた。

形式はデキであったが、車体標記はEDまたはEBで

板台枠台車のよく似合う小田急デキ1030形(ED1031)。
1979.7.24　相武台前
P：吉里浩一

1951(昭和26)年中日本重工製の小田急デキ1040形(ED1041)。14m級ではあるがデッキ付のため堂々として見える。　1969.2.2　相武台前　P：荻原俊夫

あった。

○デキ1030形(ED1031)

1930(昭和５)年日本車輛製の50t箱型機。当初はED201を名乗ったが、東急合併でデキ1030形に。分離後、車体標記はEDになったものの改番されることなく最期を迎えた。

切妻で、デッキではなく正面窓下に大きな砂箱が左右に１個ずつあるのと、梯子が特徴、戦後一時期パンタグラフ１基が撤去されていたが、後に２基に戻って最期を迎えた。

○デキ1040形(ED1041)

1951(昭和26)年６月、中日本重工(後の三菱重工)製の50t箱型機。デッキ付きで、車体は全体的に丸みを帯び、前面の庇は運転台側にしかない。主電動機は150kW×４で、小田急では最も強力であった。25‰勾配で一旦停止後、250tを牽引して楽に起動することが可能であった。

同系機として45tながら大井川鐵道Ｅ101・102、神戸電鉄ＥＤ2001があった。

○デキ1050形(EB1051)

1951(昭和26)年日立製の15.7t凸型機。日本専売公社(現在のJT)足柄工場専用線の入換機デキ101として登場したが、1959(昭和34)年に運行管理を小田急に委託することに伴い、小田急が譲り受けてこの車番となった。全長僅か6.45mで、車高が低いためにパンタグラフは大きな台の上に乗せられている。ATSも列車無線もなく、本線を走行することはできない。

入籍後しばらくは相武台工場の入換を行っていたが、1962(昭和37)年の大野工場新設と同時に移り、入換機となった。他の機関車と異なりオレンジ色で、扉に安全マークを付けていた。

1951(昭和26)年日立製の小田急デキ1050形(EB1051)。全長６mあまりの模型的な二軸凸型電機。
2002.2　相模大野　P：荻原俊夫

1952(昭和27)年東洋電機製の相模鉄道ED10形(11)。裾が丸い車体や電車型の台車など、一連の東洋電機製の標準的なスタイルが見られる。
1976.2.15　西横浜　P：荻原俊夫

13. 相模鉄道

相模鉄道本線は相模川の砂利輸送等を目的として、神中鉄道が1926(大正15)年5月に蒸気鉄道で開業した。神中鉄道は、戦時中の1943(昭和18)年4月に相模線を主要路線とする相模鉄道に合併、相模線は1944年6月に国有化されたことから、相模鉄道の路線は旧神中線のみとなった。

1944年9月に全線の電化が成り、東急の委託統治を経て1947(昭和22)年5月に経営委託が解かれた。この頃は電動貨車が貨車を牽引していて、最初の電気機関車ED11が登場したのは1952(昭和27)年になってからであった。その後、順次増備がなされ、1965(昭和40)年にはED11～14が揃った。1965年度の輸送量は42.5万tで、米軍輸送、川砂利・セメント・各種一般輸送で賑わい、保土ヶ谷中継もあった。

最後まで残っていた定期貨物列車は、海老名の手前の相模国分信号所から分岐して、JR相模線厚木に乗り入れる厚木線を通り、本線の相模大塚に隣接する在日米軍基地への燃料輸送であったが、1998(平成10)年9月30日に休止となった。

製造時より比較的間もない時期の相鉄ED11。背後に旧小田急モハ1形を譲り受けた相鉄モハ1000形が見える。
1956.8.26　星川
P：荻原二郎

1952(昭和27) 年東洋電機製の相鉄ED10形(12)。11号機に対し側面窓がHゴム支持とされている。
1956.8.26　星川
P：荻原二郎

○ED10形(ED11～14)

1952(昭和27)年5月にED11・12、1954(昭和29)年6月にED13、1965(昭和40) 年4月にED14が、いずれも東洋電機(14は東洋工機) で製造された。車体は新製であるが、台車・電動機は、モハ3000形(13の当初は富士身延鉄道モハ93形) のものが流用されている。11～13は1964年に重連総括制御、1968年に列車無線とATSを追設、後に全機とも前照灯がシールドビーム化された。

性能は全機同じで、車体はいずれも裾が丸い独特のスタイルであるが、1機ごとに細部が異なる。乗務員窓は11～13が落とし窓で、14は引き違い窓。側面窓は12・13がHゴム支持、14は外2枚がHゴム支持・内2枚がサッシュ、通風口は11・12が外に飛び出しているが、13はヨロイ戸状で、14は隙間が小さくなっている。

晩年の貨物列車は厚木～相模大塚間のみで、ED10形が重連で運用された。貨物廃止後は定期運用がなく、4両ともかしわ台工機所で休み、時々工臨や電車の搬入牽引に使用された。工臨や電車の搬入牽引に使用するモヤ700形が登場すると2007(平成19) 年に4両全車が廃車になり、ED11はかしわ台車両センターで静態保存され、他の3両は2007年1月17日と18日に解体された。

1954(昭和29) 年東洋電機製の相模鉄道ED10形(13)。同形式は13年にわたって新製されたため、車両ごとに細部が異なる。
1986.10.26　かしわ台
P：寺田裕一

14. 秩父鉄道

秩父本線は、羽生を起点とし、熊谷、武川、寄居、秩父、影森を経て三峰口に至り、全長は71.7km。このうち日常的に貨物列車が走る区間は武川～影森間である。また武川から分岐して三ヶ尻に至る三ヶ尻線は貨物専業で、全長は3.7kmである。羽生で東武鉄道伊勢崎線、熊谷でJR高崎線と上越新幹線、寄居でJR八高線と東武鉄道東上本線、御花畑で西武鉄道秩父線と接続、影森で秩父太平洋セメント三輪鉱業所への構外側線を分岐する。

旅客営業と貨物営業を併営する私鉄は本当に少なくなり、鹿島臨海鉄道が大洗鹿島線と鹿島臨港線の線区ごとに旅客と貨物を営業していることを除くと、同じ線路を旅客列車と貨物列車が日常的に走るのは関東地方以北では唯一の存在となっている。以前は国鉄高崎線、東武東上本線から旅客列車の乗り入れがあったが、今では西武秩父線から定期旅客列車の乗り入れがあるだけに変わっている。

秩父鉄道の歴史は古く、1901(明治34)年10月7日に上武鉄道が熊谷～寄居間を開業、蒸気動力であった。続いて1903年4月2日に寄居～波久礼間を開業、1911(明治44)年9月14日に波久礼～宝登山(現在の長瀞)～秩父(初代、後の荒川)間開業、1914(大正3)年10月27日に宝登山～秩父間開業、1916(大正5)年2月25日に上武鉄道が秩父鉄道に社名を変更して現在の社名となった。

1917(大正6)年9月27日に秩父～影森間開業、1921(大正10)年4月1日に北武鉄道が羽生～行田(現在の行田市)間を開業、1922(大正11)年1月20日に熊谷～宝登山間、翌1月21日に秩父～影森間を直流1,200V電化、同じ年の5月20日に宝登山～秩父間を電化して秩父鉄道全線の電化が完成した。電化当初は3両の電車しか間に合わず、蒸気動力併用であったが、間もなくデキ1～5が登場し、その後電車の増備も行い、電気運転に切り替わった。1922年8月1日には北武鉄道が行田～熊谷間を開業、9月18日に秩父鉄道が北武鉄道を合併して、秩父鉄道の営業区間は羽生～熊谷～影森間となった。

この頃、諸井恒平が煉瓦に代わるセメントの企業化に着目。1923(大正12)年に秩父セメントを興し、黒原～大野原間に大工場を完成させた。関東大震災などを契機にセメントの需要は高まり、秩父鉄道の貨物輸送量は年々増加した。1930(昭和5)年3月15日に影森～三峰口間が開業して、羽生～三峰口間が全通した。貨物輸送量の増大に伴い、E・E製のデキ6・7を増備したのは1926(大正15)年2月であった。

戦後の産業復興とそれに続く高度成長でセメント需要は増加を続け、1951年以降、日立製の50t級箱型電気機関車が相次いで登場した。全線の1,500V昇圧は1952(昭和27)年2月1日で、デキ100形は1956(昭和31)年までに6両となった。

1963(昭和38)年は東京オリンピックの前年で、建設ラッシュでセメントの需要がさらに増加したことからデキ200形3両が新造された。その前後にED38形3両の転入があり、1980年までにデキ100形2両の転入、デキ300形3両、デキ500形7両が新造された。

旧型機の廃車は、1977(昭和52)年のデキ6・7か

影森にある秩父太平洋セメント三輪鉱業所で石灰石を積載した貨車を牽く秩父鉄道デキ500形(503)。 2017.8.5 三輪鉱業所 P：寺田裕一

ら始まり、ED38形３両とデキ１～５が後を追った。

貨物輸送は主に熊谷で国鉄中継を行っていたが、上越新幹線の建設で熊谷構内貨物ヤードが廃止となり、1979(昭和54)年10月１日に貨物専業の三ヶ尻線(熊谷貨物ターミナル～武川間)が開業した。日本セメント埼玉工場輸送がベルトコンベアに変わったことによって影森～武甲間が廃止となったのは1984(昭和59)年１月31日であった。

昭和55(1980)年度に850万tあった貨物輸送量は、令和の時代になると200万t程度にまで落ち込んでいて、電気機関車からも多くの廃車車両が生じている。1988(昭和63)年３月15日からは、蒸気機関車牽引列車の「パレオエクスプレス」運転が始まり、貨物専業であった三ヶ尻線熊谷貨物ターミナル～三ヶ尻間については2020(令和２)年12月31日限りで廃止され、三ヶ尻線は三ヶ尻～武川間のみに変わっている。

令和２年度の鉄道統計年報で電気機関車０、貨車は有蓋貨車２、無蓋貨車２、ホッパ車130両となっている。有蓋貨車は救援車スム4044と4047、無蓋貨車はトキ506と512、ホッパ車は皆野に留置されているホキ１とホキ２、それに鉱石列車のヲキ・ヲキフ100形。鉱石列車は三ヶ尻～武川～武州原谷～影森間を電気機関車がヲキ・ヲキフ100形20両を牽引して往復する。主に鉱石輸送用の電気機関車、デイーゼル機関車については秩父小野田の私有車の扱いになっていて、一時的な措置なのかはわからない。

長瀞ライン下りのコースとして知られる長瀞渓谷を下に見て荒川橋梁を渡るデキ300形(303)牽引の石灰石列車。
2019.11.30　上長瀞－親鼻　P：寺田裕一

170
122

1922(大正11)年ウェスチングハウス製の秩父デキ1形(2)。5両製造されたが1994(平成6)年までに全廃された。
1986.10.30　広瀬川原　P：寺田裕一

1951(昭和26)年日立製の秩父デキ100形(101)。
1969.10.19　御花畑　P：荻原二郎

○デキ1形(デキ2)

1922(大正11)年ウェスチングハウス製37t凸型機。電化時に発注したもので、電化に遅れること3ヶ月、1922年4月から使用を開始した。我が国に輸入された初の幹線用大型機で、東海道本線電化を計画中の鉄道省の注目するところとなり、大井工場で組み立てられた。

1952(昭和27)年の1,200Vから1,500Vへの昇圧時に電動機出力が116.6kW×4に増強された。デキ100形以降の50t級機が相次いで登場すると、次第に鉱石輸送から離れていったものの、1975(昭和50)年ころまでは入換や小運転に使用されていた。しかしデキ500形増備により休車状態の車が多くなり、1984(昭和59)年10月31日にデキ3～5、1988(昭和63)年12月1日にデキ1が廃車。デキ2の車籍は1994(平成6)年11月30日まで残っていた。

○デキ100形(デキ101)

デキ100形は、1951(昭和26)年以降に日立製作所で新造された。うち101は1,200V時代の1951年11月にデキ8として登場。最初から1,500V昇圧を予定して製造され、翌年4月1日に昇圧。1954(昭和29)年6月の2両増備に合わせてデキ101に改番された。自重は48tで、出力160kW×4とやや小型で、デキ1形やED38形が健在の頃は他のデキ100形とは別運用であった。

パレオエクスプレスの運転開始後は、その補機に使用され、1994(平成6)年7月からは客車に合わせて茶色塗色に変更された。楕円型ナンバープレートは他機と反対の運転席方につき、側窓が1個少ない。茶色塗装は10年以上続いたが、2006(平成18)年3月31日に廃車となった。

1956(昭和31)年日立製の秩父デキ100形(105)。現在の標準塗装に塗られた姿。
2013.5.5　武川　P：寺田裕一

1954(昭和29)年日立製の秩父デキ100形(103)。2011 ～ 2014(平成23～26)年に見られた赤色＋白帯塗装の姿。
2013.11.2　武川　P：寺田裕一

●デキ100形(デキ102～106)

デキ102と103は1954(昭和29)年、104～106は1956(昭和31)年に増備された。デキ101の強化版で、自重が50tに、出力が200kW×4に、車体長が600mm延び12.6mになっている。

片側4ヶ所であったルーバーは2000(平成12)年に入って以降2ヶ所が埋められた。また、デキ106は2002(平成14)年2月8日に影森駅構内で脱線転覆し、現地で一部解体がなされ、広瀬川原に運び込まれて廃車。デキ104は2013(平成25)年3月に故障、運用離脱し、広瀬川原で留置の後、2015(平成27)年3月に除籍されている。

その他の102・103・105の3両は車齢70年近くになるが、現役として残る。デキ103は2011(平成23)年5月15日の「わくわく鉄道フェスタ」で赤色＋白帯となったが、2014年6月の検査入場後に青色に戻っている。

○デキ100形(デキ107・108)

デキ101と同じ1951(昭和26)年製であるが、松尾鉱業鉄道ED501・502として誕生した。同線廃止後、1973(昭和48)年1月20日付けで秩父入りした。

全長12mで、形態はデキ101に近いが、出力200kW×4、50t機は102～106に近い。出身が東北北部であったことから正面窓にツララ切りを装備、耐寒装備も有する。現在の電気機関車の塗装は松尾鉱業譲りで、以前はブラウンに車体裾白帯であった。

デキ107は2015(平成27)年に運用を離脱して2016年3月に除籍、デキ108も2020(令和2)年12月の団体臨時列車「快速秩父路デキ108」の牽引を最後に運用を離脱し、引退した。

秩父デキ100形のうち、107と108は廃線となった松尾鉱業鉄道から譲渡された車両で、正面窓にツララ切りを装備した。
2003.12.23　桜沢－寄居　P：寺田裕一

1963(昭和38)年日立製の秩父デキ200形(201)。「パレオエクスプレス」客車に合わせた茶色系の塗装の時代。
2013.11.2　広瀬川原　P：寺田裕一

●デキ200形(デキ201 ～ 203)

デキ100形のモデルチェンジ車で、1963(昭和38)年に3両が新造された。車体は丸味を帯び、高運転台、2灯式ヘッドライトなど同時代の国鉄機に似たエッセンスを盛り込んでいる。

出力は230kW×4にパワーアップし、制御ノッチは31段と多段式。最大の特徴は台車で、L型軸梁式と呼ばれるこの台車は、台車と車軸が巨大なL型のリンクで結ばれていて、しかも向かい合った両軸のリンクの先端をバネで結んで共用の軸バネにしている。しかし、あまりにも特殊な構造であるのと、バネ下重量が大きすぎることが嫌われ、後続機には引き継がれなかった。

貨物輸送量の減少によりデキ202・203が2000(平成12)年6月30日付けで廃車となり三岐鉄道に転じたが、既に廃車。デキ201はパレオエクスプレスの客車に合わせて深い緑に金の帯の後、2020(令和2)年1月から黒単色に塗り替えられている。

標準色をまとった秩父デキ200形(202)。L型軸梁式と呼ばれる特殊な台車が目を惹く。　1986.10.30　秩父　P：寺田裕一

1967(昭和42)年日立製の秩父デキ300形(303)。標準色をまとい石灰石列車を牽引するシーン。　2009.8.16　野上　P：寺田裕一

●デキ300形(デキ301 ～ 303)

1967(昭和42)年に３両が日立製作所で新造された。デキ200形の特殊部分を普通の仕様に戻した構造。制御ノッチは16段に戻り、新たに空転時に警報が鳴り、自動的に各台車進行方向側の主電動機が弱め界磁になるシステムが採用された。台車は一般的な軸バネ式に戻り、正面窓の庇がなくなり、避雷装置が屋根上に移設された。当初は前照灯が白熱灯であったが、シールドビームに変更されている。

302は2020(令和２)年に車体色が薄い青色に変わっていて異彩を放っている。301 ～ 303の３両ともが現役で活躍している。

秩父デキ300形(302)。2020(令和２)年からのライトブルーに塗られた姿。　2022.1.8　武川　P：寺田裕一

1973(昭和48)年日立製の秩父デキ500形(502)。新製時よりブルー系の現行標準色をまとう。　2023.5.21　武川　P：寺田裕一

●デキ500形(デキ501 ～ 507)

501・502は1973(昭和48)年４月に登場、塗色が従来の茶色からブルーに変わり、ヘッドライトがシールドビーム化された。

503・504は1979(昭和54)年10月の三ヶ尻線開業前の1979年３月に登場、正面窓が大きくなり、庇が付いた。

505は1980(昭和55)年３月に増備、前照灯ケースと避雷器が変わった。506・507は1980年９月に増備がなされたもので、尾灯がデッキの手摺取り付けから車体埋込に変わった。

502は2019(令和元)年12月から黄色一色塗装、505は2019年５月から緑色に裾白帯、506は2020年３月から赤色一色に変わっている。

1980(昭和55)年日立製の秩父デキ500形(505)と1000系電車(元JR101系)との出会い。　2003.12.23　永田　P：寺田裕一

秩父デキ500形(502)の黄色＋茶色帯塗装。
2018.6.9　武川　P：寺田裕一

2019年から黄色一色塗装とされた秩父デキ500形(502)。
2020.8.8　武川　P：寺田裕一

1980(昭和55)年製の秩父デキ500形(507)。尾灯が車体埋込になっている。　2023.5.21　上長瀞　P：寺田裕一

現在の特急「踊り子」の前身となる特急「あまぎ」(183系)と並ぶ伊豆急ED2511。
1981.3.4　伊豆高原
P：吉里浩一

15. 伊豆急行

JR伊東線の終点の伊東から、伊豆半島の東海岸を南下して45.7km先の伊豆急下田に至る。

伊豆半島での鉄道計画は、1922(大正11)年4月11日公布・施行の改正鉄道敷設法別表で熱海～下田～大仁間が示されたが、国鉄として開業したのは伊東までであった。伊東～下田間は、伊豆開発に着目した東京急行電鉄によって別会社方式で1961(昭和36)年12月10日に開業した。

当線の開業により、温泉、海水浴場に立地したホテルやゴルフ場の建設が進み、一大リゾート地に発展を遂げた。今では東京方面からJR特急が最大9両編成で乗り入れ、自社発注の「リゾート21」は、前面の展望、海に向けて配置した座席、斬新なカラーリングで話題をさらった。しかし近年は旅客減少に歯止めがかからず、2005(平成17)年には元東急8000系を導入してワンマン運転が始まった。

このような伊豆急行線だが、かっては貨物営業を行い、1963(昭和38)年5月～1994(平成6)年10月はED2511が活躍した。1981(昭和56)年10月に国鉄伊東線の貨物営業が廃止されると、当線の貨物も廃止になり、以降は工事列車用であった。

凸型電機としては堂々とした大型の車体を持つ伊豆急ED2511。　1990.6.1　伊豆高原　P：寺田裕一

○ED25形(ED2511)

豊川鉄道が日本車輌にデキ54として発注したが、豊川鉄道は1943(昭和18)年8月1日に国有化されて飯田線となったことから、車両完成時の1944年8月は国鉄デキ54として登場。後にED301、その後ED2511に改番され、飯田線、後に宇部線で活躍の後、1963(昭和38)年に廃車、同年5月に開業間もない伊豆急行入りした。

凸型機としては大型で、バランスの取れた機器室とキャブ周りの比率が美しかった。伊豆急行の貨物列車は、国鉄伊東線貨物廃止もあって廃止となった。貨物廃止後の1994(平成6)年10月6日に廃車となり、機械品扱いで東急に転じ、ED301の車番で長津田工場の入換に使用されたが、2009(平成21)年6月に解体された。

国鉄飯田線(豊橋口)の買収前、豊川鉄道によりデキ54として発注されたED2511は、伊豆急行に譲渡されて使用された。
1981.3.4　伊豆高原　P:吉里浩一

16. 伊豆箱根鉄道駿豆線

雨宮敬二郎らの経営による豆相鉄道が前身で、1,067mm軌間の蒸気鉄道として1898(明治31)年5月20日に三島町(現在の三島田町)～南條(現在の伊豆長岡)間が開業した。当時の東海道本線は御殿場回りで、初代三島(現在の御殿場線下土狩)への延伸は同年6月15日、南條～大仁間延伸は1899年7月17日、全線の600V電化完成は1919(大正8)年6月5日で、1921(大正10)年に東洋電機製の木造電機1～3が登場した。大仁～修善寺間の開業は1924(大正13)年8月1日で、丹那トンネル開通による経路変更で三島～修善寺間の営業となったのは1934(昭和9)年12月1日であった。

伊豆箱根ED31形(32)の単機回送シーン。
1990.3.18　大場ー三島田町　P:佐藤利生

典型的な東芝戦時型の凸型機といえる伊豆箱根鉄道ED31形(33)。
1986.10.25　大場　P：寺田裕一

戦後は1948(昭和23)年に国鉄アプト式電機ED40形を受け入れてED4011～4013としたが、これは長くは持たず、1949年に西武鉄道から32・33を借り受けた。ED4011・4012は1949年11月に岳南鉄道に転じ、4013は1953年にED11に改造の後、1967(昭和42)年3月に岳南鉄道に転じた。

32・33は正式に譲受となり、貨物列車の牽引や週末に国鉄から乗り入れてくる客車列車の牽引に従事したが、1972(昭和47)年6月に貨物営業が廃止されると定期運用はなくなった。ただ、小田原からの大雄山線の検査の際には車両が回送されることがあり、その時は車両の牽引に当たることから、今も2両が在籍する。

●ED31形(ED32・33)

1947(昭和22)年に西武鉄道の東芝製戦時標準型40t凸型機31～33が誕生した。32・33は1949年に駿豆鉄道に貸し出され、31は1956(昭和31)年に遠州鉄道に転じた。駿豆鉄道の正式譲受は、33が1952年3月、32が1953年7月であった。当時の駿豆鉄道は600V動力で、入線時に降圧。1959(昭和34)年9月7日に架線電圧が1,500Vに昇圧され、その間1957年にED32・33となった。

原形の台車は板台枠であったが、西武在籍中に電車用のDT12に交換され、伊豆箱根入線時にはTR22となった。ED32は1972(昭和47)年11月にATSを設置し、1978(昭和53)年11月に列車無線が装備された。さらに1983(昭和58)年の「サロンエクスプレス東京」の乗り入れに際し、ED32・33揃って重連総括制御装置が装備された。今ではED33にもATSが設置されている。

西武鉄道より譲渡された701系735F×4連(改造後は伊豆箱根1100系×3連)を回送する伊豆箱根ED31形(32)。
1990.3.18　三島
P：佐藤利生

■私鉄電気機関車一覧表（上巻分）

作成：寺田裕一

会社名	形式	番号	両数	最大寸法(mm) 長さ	最大寸法(mm) 高さ	最大寸法(mm) 幅	自重(t)	主電動機 製造所	主電動機 形式	主電動機 出力(kW×個)	歯車比	定格 引張力(kg)	定格 速度(km/h)	制御装置製造所	形式	種類	台車	製造 年	製造	自社使用開始年月日	前所有社・番号	廃車年月日
弘南鉄道	ED22	221	1	9,150	4,025	2,505	28.6		MT33	66×4	4.56	3,330	30.0			電空	型鋼イコライザー	昭2	W.H.B.W	昭49.11	一畑ED221	—
	ED30	301	1	9,350	3,998	2,400	30.0	日立		71×4	4.44	3,350	30.0			電空	NTJ-24	昭24	日鉄自	昭25.8	三井三池ED301	2004.3.8
	ED33	333	1	8,880	4,070	2,720	33.0	W.H.B.W		93×3	4.06	4,534	29.8			電空	棒台枠イコライザー	大12	W.H.B.W	昭36.10	西武E13	—
十和田観光電鉄	ED300	301	1	10,850	3,780	2,515	30.0	日立	HS-266-c r20	90×4	4.53	4,200	30.7	日立		電空	板台枠	昭26	日立	昭26	（新造）	2012.4.1
	ED400	402	1	10,950	4,257	2,700	35.0	川崎	K7-1203A	90×4	4.73	4,400	29.3			電空	613	昭37	川車	昭37	（新造）	2012.4.1
栗原電鉄	ED20	201	1	8,763	3,470	2,700	20.0	三菱	MB-202-BR	40×4	5.64	2,400	23.0	三菱	KRS4A	直	板台枠	昭25	中日本重工	昭25	（新造）	1995.4.1
蒲原鉄道	ED1	1	1	9,180	3,905	2,445	25.0	東洋	TDK31SC	56×4	5.0	3,380	24.0	東洋	TDKQ2LT	直	型鋼イコライザー	昭5	日車	昭5.5	（新造）	1999.10.4
越後交通	ED310	311	1	11,050	4,185	2,704	40.0	芝浦	SE-114	115×4	3.24	4,420	36.4			電空	DT10	昭31	東芝	昭39	西武E31	1995.4.1
	ED400	401	1	13,000	4,200	2,704	40.0	東洋	TDK5025A	115×4	3.24	4,420	36.4			電空	DT12	昭42	東洋	昭42	（新造）	1995.4.1
	ED5100	5101, 5102	2	13,800	4,100	2,830	50.0	三菱	MB-266BFVR	200×4	4.77	8,900	33.0	三菱		電空	IB149	昭32	三菱	昭54	長野ED5002・5003	1995.4.1
長野電鉄	ED5000	5001	1	11,500	4,115	2,743	36.3	日立	HS-261A	150×4	4.05	5,443	32.2	日立		電空	板台枠	昭2	日立	昭2	（新造）	2002.3.17
松本電鉄	ED30	301	1	9,150	4,025	2,505	30.0	W.H.B.W	WH5560F 3	70×4	4.56	3,330	29.0	WH		電空	型鋼イコライザー	大15	W.H.B.W	昭35	西武A1	2005.9.30
上信電鉄	デキ	1, 3	2	9,180	3,874	2,657	34.5	シーメンス	DJ11B	50×4	4.81	3,087	23.2	シーメンス	CIB10064A	電空	板台枠	大13	シーメンスマン	大13	（新造）	—
	デキ	2	1	9,180	3,874	2,657	34.5	シーメンス	DJ11B	50×4	4.81	3,087	23.2	シーメンス	CIB10064A	電空	板台枠	大13	シーメンスマン	大13	（新造）	1995.3.16
	ED31	316	1	11,760	4,242	2,440	40.0	シーメンス	DJ11B	50×4	3.89	3,025	28.7	シーメンス	CIB10064A	電空	ブリル27MCB	大12	芝浦	昭32.4	国鉄ED316	—
秩父鉄道	デキ1	2	1	10,430	3,734	2,540	37.2	W.H.B.W		116.6×4	3.72	4,241	35.3	WH	MT337D2	電空	型鋼組立イコライザー	大10	W.H.B.W	大11.4	（新造）	1994.12.1
	デキ100	101	1	12,000	3,970	2,700	48.0	日立	HS-257 Ir	160×4	4.56	6,600	34.4	日立		電空	型鋼組立枠	昭26	日立	昭26	（新造）	2006.3.31
	〃	102,103,105	3	12,600	3,955	2,700	50.0	日立	HS-277 Ar	200×4	4.06	7,700	37.2	日立		電空	型鋼組立枠	昭29/31	日立	昭29/31	（新造）	—
	〃	104	1	12,600	3,995	2,700	50.0	日立	HS-277 Ar	200×4	4.06	7,700	37.2	日立		電空	型鋼組立枠	昭31	日立	昭31	（新造）	2015.3
	〃	106	1	12,600	3,995	2,700	50.0	日立	HS-277 Ar	200×4	4.06	7,700	37.2	日立		電空	型鋼組立枠	昭31	日立	昭31	（新造）	2008.3.18
	〃	107	1	12,000	3,920	2,725	49.5	日立		200×4	4.69	8,800	32.2	日立		電空	型鋼組立枠	昭26	日立	昭48	松尾ED501	2016.3
	〃	108	1	12,000	3,920	2,725	49.5	日立		200×4	4.69	8,800	32.2	日立		電空	型鋼組立枠	昭26	日立	昭48	松尾ED502	2020.12運用離脱
	デキ200	201	1	12,600	3,995	2,727	50.0	日立	HS-277 Dr	230×4	4.06	9,440	34.9	日立		電空	鋼板溶接枠	昭38.9	日立	昭38.9	（新造）	—
	〃	202, 203	2	12,600	3,995	2,727	50.0	日立	HS-277 Dr	230×4	4.06	9,440	34.9	日立		電空	鋼板溶接枠	昭38.9	日立	昭38.9	（新造）	2000.6.30
	デキ300	301〜303	3	12,600	3,995	2,728	50.0	日立	HS-277 Dr	230×4	4.06	9,440	34.9	日立		電空	鋼板溶接枠	昭42	日立	昭42	（新造）	—
	デキ500	501〜507	7	12,600	3,995	2,728	50.0	日立	HS-277 Dr	230×4	4.06	9,440	34.9	日立		電空	鋼板溶接枠	昭48/54/55	日立	昭48/54/56	（新造）	—
銚子電鉄	デキ	3	1	4,470	4,600	2,100	10.0	AEG		29.8×2	3.77	1,315	16.4	三菱		直	板台枠単車	大12	AEG	昭16	宇部炭鉱	2019年
東武鉄道	ED5060	5061〜5065 5072, 5073	7	12,000	4,055	2,690	45.5	東芝	MT-40	142×4	4.24	5,280	39.0	東芝		電空	TT-54	昭35〜41	東芝	昭35	（新造）	1996.10〜2003.10
	ED5080	5081〜5083	3	12,000	4,055	2,690	45.5	東芝	MT-40	142×4	4.24	5,280	39.0	東芝		電空	TT-54		東芝	昭45	（新造）	2003.10.1
西武鉄道	E31	31	1	10,950	3,876	2,740	40.7	三菱	MB-164D	131×4	3.37	5,300	33.0		EU14AS	電空	DT-20A	昭61	西武所沢	昭61	（新造）	2009.1.31
	E31	32〜34	3	10,950	3,876	2,740	40.7	三菱	MB-164D	131×4	3.37	5,300	33.0		EU14AS	電空	DT-20A	昭61	西武所沢	昭61	（新造）	2010.3.31
	E851	851〜854	4	16,500	4,110	2,941	95.4	三菱	MB-428AVR	425×6	4.44	23,220	38.8	三菱	XC18C-1	間自	DT138/DT139	昭44	三菱	昭44	（新造）	1996年
小田急電鉄	デキ1030	ED1031	1	11,450	4,100	2,740	50.0	東洋	TDK-564-A	131×4	4.29	7,400	26.0	東洋	ES-36	電空	板台枠	昭5	日車	昭5.12	（新造）	1997年
	デキ1040	ED1041	1	13,800	4,090	2,710	50.0	三菱	MB-266AF	150×4	5.12	8,000	27.1		KL-33	電空	棒台枠	昭26	中日本	昭26	（新造）	1996年
	デキ1050	ED1051	1	6,450	4,100	2,522	15.7	日立	HS-255FR	60×2	5.20	2,360	18.0	日立		電空	板台枠単車	昭25	日立	昭34	日本専売公社	2003.9
相模鉄道	ED10	11〜14	4	13,000	4,190	2,640	45.0		MT-30	128×4	3.45	5,000	36.5	日立	PR-200	電空	DT13	昭27	東洋・東洋工	昭27	（新造）	2007年
伊豆急行	ED25	2511	1	11,050	4,160	2,775	40.0	東洋	TDK-592	128×4	3.94	5,000	35.0	東洋		電空	板台枠	昭19	日車	昭31.12	国鉄ED2511	1994.10.16
伊豆箱根鉄道	ED31	32, 33	2	11,050	4,250	2,940	40.0		MT-15	100×4	2.71	3,770	40.0	芝浦		電空	TR22	昭22	東芝	昭28.7/27.3	西武E32・E33	—

上巻のおわりに

1993(平成５)年４月１日在籍の電気機関車とその後の変遷を訪ねて北から順に眺めてみた。

自身が最初に出会ったローカル私鉄は、山陽本線の土山から分岐していた別府鉄道で、人づてに聞いて、土山で下車すると、DB201がハフ７を従えて、側線で休んでいた。1970(昭和45)年５月のことで、この日から50年以上の歳月が流れた。貨物輸送のピークは過ぎていたが、山陽本線和気から分岐する同和鉱業片上鉄道は片上版DD13が牽引する混合列車と鉱石輸送列車が健在であったし、近江鉄道に足を延ばすと、電気機関車が牽引するセメント原石列車に出会うことができた。

このように鉄道の貨物輸送は特別な存在ではなく、神奈川県の日吉と東京の三田で過ごした大学時代に東武鉄道に乗車すると、貨物列車の通過待ち合わせに嫌というほど遭遇した。大学を卒業して京阪電気鉄道に入社すると、車掌勤務中は仕事のない日が平日で、奈良県の吉野に向かうと近鉄の吉野線では古典電気機関車が現役で貨車を牽引していた。

本書では、1993(平成５)年４月１日以降の現役電気機関車を対象としたので、京阪に入社してから10年目以降の電気機関車が対象となる。国鉄の貨物大幅縮小は1984(昭和59)年２月１日であったので、ローカル私鉄における貨物輸送の多くは消滅し、貨物営業は消滅しても機関車は生きていた、そんな時代であった。それから30年の歳月が経過して路線そのものが消え去ったものも少なくなく、その変遷をまとめる機会となった。

寺田裕一

ED301の牽引による十和田観光電鉄の貨物列車。
1980.9.4　工業高校前ーひがし野団地
P：寺田裕一